COURS DE DESSIN

ET

NOTIONS DE GÉOMÉTRIE

A L'USAGE DES ÉCOLES PRIMAIRES ET DES CLASSES ÉLÉMENTAIRES
DES LYCÉES ET DES COLLÈGES

d'après les nouveaux programmes officiels

PAR

A. BOUGUERET

AGRÉGÉ DE L'ENSEIGNEMENT SPÉCIAL, PROFESSEUR DE DESSIN AU LYCÉE SAINT-LOUIS ET A L'ÉCOLE MUNICIPALE SUPÉRIEURE J.-B. SAY

TROISIÈME PARTIE

CONSTRUCTIONS GÉOMÉTRIQUES ET LAVIS

PARIS
LIBRAIRIE HACHETTE ET CIE
79, BOULEVARD SAINT-GERMAIN, 79

1881

PLANCHE XXXVI

COURS COMPLÉMENTAIRE

GÉOMÉTRIE

Les questions de géométrie pratique qui doivent encore être traitées forment le complément naturel de celles qui précèdent; mais elles ne font pas nécessairement partie du programme de la classe de septième; elles ne peuvent même convenir qu'à quelques élèves d'élite de cette classe. Quant aux élèves du cours supérieur des écoles primaires, qui sont sur le point de terminer leurs études, ils devront tous les étudier.

Nous énoncerons d'abord la règle pour l'extraction de la racine carrée afin de pouvoir revenir sur quelques questions de géométrie plane que nous avons dû précédemment ajourner; nous donnerons également la règle pour l'extraction de la racine cubique, suivie de notions nouvelles et de problèmes sur les solides géométriques; enfin, nous étudierons quelques questions usuelles de toisé et de cubage.

Le manque de place nous oblige à ne commencer ces exercices qu'à la planche XL.

DESSIN

CONSTRUCTIONS GÉOMÉTRIQUES

A partir de cette planche, le dessin devient exclusivement géométrique et nécessite l'emploi des instruments ordinaires : ce sont des constructions élémentaires sur la division des droites, des angles et des arcs; sur les raccordements; sur les figures semblables et équivalentes, puis des applications très simples à l'arpentage, à l'architecture, à la mécanique, et enfin du lavis.

Le croquis sera toujours exécuté au tableau par le maître; les élèves suivront, à main levée, sur leur cahier ordinaire.

La mise au net se fera sur papier fort dans l'ordre suivant :

1° Fixer la feuille sur la planchette avec de la colle ou avec des clous plats dits punaises; 2° tracer les directrices et le cadre (voy. plus loin); 3° faire les écritures et le dessin au crayon; 4° passer à l'encre; 5° nettoyer avec la gomme élastique; 6° appliquer les teintes, puis les traits de force s'il y a lieu; 7° couper la feuille à 2 centimètres du cadre.

Le dessin au net devra contenir toutes les écritures extérieures au cadre, ainsi que les lettres et les nombres qui accompagnent chaque figure.

Il est important que les élèves s'habituent de bonne heure à mettre des lettres et des cotes sur les figures, puisque les épures de géométrie descriptive ou les dessins d'applications à l'architecture et à la mécanique qu'ils auront à faire plus tard en contiendront toujours.

Directrices. — Les directrices sont deux lignes qui se coupent à angle droit au milieu de la feuille de papier, une horizontale et une verticale. Pour tracer la directrice horizontale, on met la pointe sèche du compas aux quatre coins de la feuille, et, avec une ouverture plus grande que la moitié des petits côtés, on décrit 4 arcs qui se coupent 2 à 2. On joint ensuite les deux points d'intersection.

Pour tracer la directrice verticale, on met la pointe sèche du compas aux points d'intersection précédents, et, avec une ouverture plus grande que la moitié de la longueur de la feuille, on décrit encore 4 arcs qui se coupent 2 à 2. On joint ensuite les deux points d'intersection.

Cadre. — On prend une ouverture de compas égale à la moitié de la largeur du cadre, c'est-à-dire égale à 100 millimètres; on met la pointe sèche sur la directrice horizontale, à la rencontre des arcs de cercle, et l'on décrit 4 arcs de cercle, deux en haut, deux en bas, puis on mène des tangentes à ces arcs. On prend ensuite une ouverture de compas égale à la moitié de la longueur du cadre, c'est-à-dire égale à 125 millimètres; on met la pointe sèche sur la directrice verticale, aux points de rencontre avec les deux côtés qui viennent d'être tracés, et l'on décrit encore 4 arcs de cercle, deux à droite, deux à gauche, puis l'on mène des tangentes à ces arcs.

Nota. — Le tracé des directrices est un moyen infaillible d'avoir un cadre rigoureusement rectangulaire; c'est pourquoi il faut l'exiger pour toutes les planches de la fin du *Cours*, au moins au crayon, sauf à effacer plus tard ces directrices si elles doivent couper quelque figure. En négligeant ce tracé, les élèves sont exposés à faire un parallélogramme pour cadre, au lieu d'un rectangle.

Écritures. — Tracer à 4mm du cadre et aux quatre coins 2 horizontales pour les petites écritures, puis 2 horizontales au milieu et en haut, l'une à 6mm, l'autre à 12mm du cadre, pour le titre principal.

Dans la planche XXXVI, le titre principal sera le mot Géométrie, dont la longueur est ainsi composé : 7 lettres de 4mm ou 28mm ; une lettre de 6mm, et 8 intervalles de 2mm ou 16mm ; total, 50mm, c'est dire 25mm de chaque côté de la directrice verticale.

Fig. 1. — *Diviser une droite en 2,4,8,16,32,... parties égales.*

Soit la droite AB de 45mm. On prend une ouverture de compas quelconque, plus grande, à vue, que la moitié de AB; on met la pointe sèche successivement en A et en B, et l'on décrit des arcs qui se coupent aux points C et C'; on mène la ligne CC', qui est une perpendiculaire au milieu de AB. On divise de la même manière chaque moitié de la ligne AB en 2 parties égales, et ainsi de suite, pour 8,16... parties.

Fig. 2. — *Élever une perpendiculaire en un point d'une droite.*

Soit le point C sur la droite AB. On met la pointe sèche du compas en C; on prend de chaque côté une même longueur quelconque, AC = A'C, et l'on est ramené à élever une perpendiculaire au milieu de AA', c'est-à-dire à diviser la ligne AA' en deux parties égales, comme dans le problème précédent. Il suffit de décrire des arcs en haut de la ligne, puisqu'on connaît déjà un point de la perpendiculaire demandée.

Fig. 3. — *Abaisser une perpendiculaire sur une droite par un point donné hors de cette droite.*

Soit le point C donné hors de la droite AB. On met la pointe sèche du compas en C; on prend une ouverture quelconque, assez grande pour couper la ligne AB en deux points D et D', et l'on est ramené à élever une perpendiculaire au milieu de DD'. Il suffit de tracer deux arcs de cercle qui se coupent en bas de la ligne AB.

Fig. 4. — *Élever une perpendiculaire à l'extrémité d'une droite qu'on ne peut prolonger.*

Soit la droite AB, à l'extrémité de laquelle on veut élever une perpendiculaire. On met la pointe sèche du compas en un point O quelconque, au-dessus de A B; avec O B comme rayon, on décrit une circonférence, qui coupe la ligne AB en un point D; on mène le diamètre D C, et l'on trace la ligne B C, qui est la perpendiculaire demandée.

Fig. 5. — *Mener une parallèle à une droite donnée par un point donné.*

1re *Méthode.* — Soient la droite AB et le point C. On met la pointe sèche du compas au point C; on prend une ouverture quelconque, assez grande pour couper la ligne A B en un certain point E; on décrit un arc avec CE pour rayon; on transporte la pointe sèche en E et, avec la même ouverture, on décrit un arc FC; on porte FC en ED, et l'on mène la ligne CD, qui est la parallèle demandée.

Fig. 6. — 2e *Méthode.* — On pourrait abaisser la perpendiculaire CF sur AB, puis élever, sur CF, la perpendiculaire CD.

Fig. 7. — *Mener plusieurs parallèles équidistantes.*

Soit une droite AB, de chaque côté de laquelle on veut mener 2 parallèles éloignées de 20 millimètres, par exemple. On met la pointe sèche du compas en 2 points quelconques de la ligne AB et, avec une ouverture égale à 20mm, on décrit 2 arcs en haut et 2 arcs en bas ; on trace 2 tangentes à ces arcs, ce qui donne déjà 2 parallèles ; on opère de la même manière pour avoir les autres parallèles.

Fig. 8. — *Diviser une ligne droite en un nombre quelconque de parties égales.*

Soit la droite AB que l'on veut diviser en 5 parties égales. On trace une autre ligne formant avec AB un angle quelconque ; on porte 5 fois une même longueur sur cette nouvelle ligne ; on joint le dernier point C à l'extrémité B, et l'on mène des parallèles à BC par tous les points de AC.

Pour mener ces parallèles on emploie la règle et l'équerre, ce qui est encore plus rapide que les constructions précédentes.

Fig. 9. — *Diviser plusieurs lignes droites en un même nombre de parties égales.*

Soient les droites *m*, *n* et *p* que l'on veut diviser en 5 parties égales. Au lieu de faire sur chaque droite la construction indiquée dans la figure 8, il est plus simple de faire une seule construction, qui permette de diviser un nombre quelconque de lignes droites en 5 parties égales. A cet effet, on porte, sur une horizontale, 5 fois une même longueur quelconque, ce qui donne la ligne AB ; avec AB, comme rayon, on décrit deux arcs qui se coupent au point C ; on achève le triangle équilatéral ACB, et l'on joint le sommet C à tous les points de division de la base AB. Si l'on veut maintenant diviser les lignes *m*,*n* et *p* en 5 parties égales, on les porte sur CA suivant CD, CE et CF, et l'on mène des parallèles à AB. Les lignes DG, EH et FK sont respectivement égales à *m*, *n* et *p*, et se trouvent divisées en 5 parties égales par les lignes partant du point C.

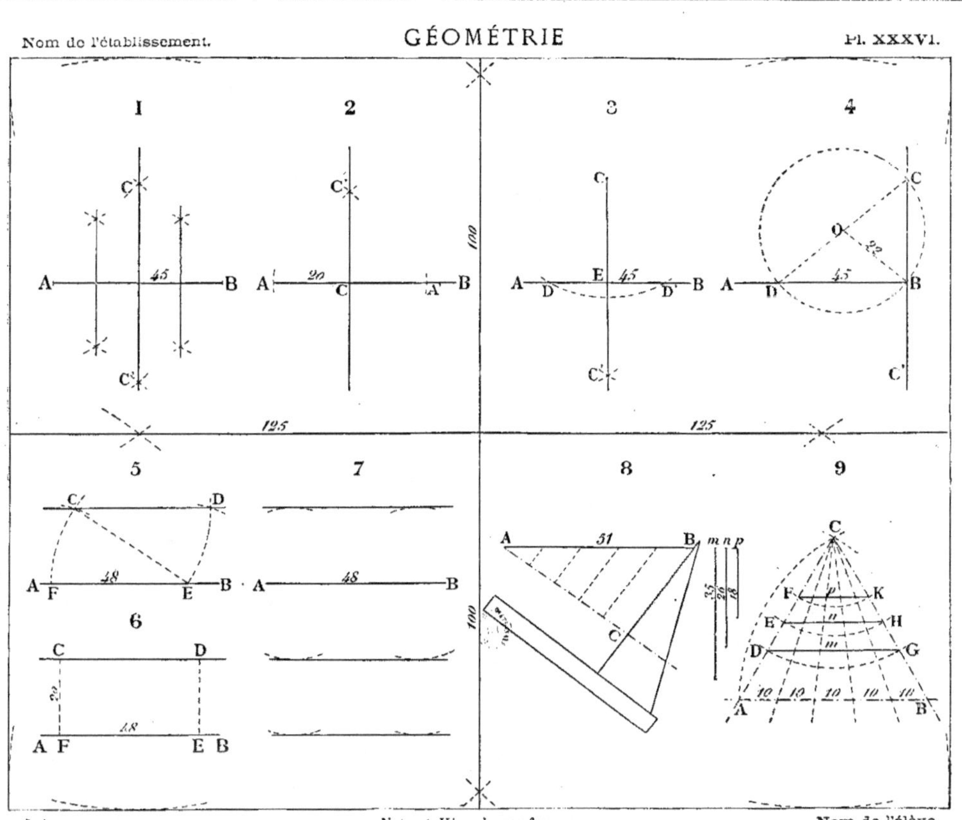
1
2
3
4
5
6
7
8
9
125
100
45
20
48
51
22
10

PLANCHE XXXVII

COURS COMPLÉMENTAIRE

DESSIN

CONSTRUCTIONS GÉOMÉTRIQUES

Cette planche a pour but la division des angles et des arcs en parties égales, et, comme conséquence, la construction des polygones réguliers.

Certains nombres expriment des millimètres; d'autres désignent des polygones réguliers. Il est facile de distinguer les uns des autres.

Le titre principal sera encore le mot Géométrie, dont la longueur est de 50 mm.

Fig. 1. — *Diviser un angle en 2, 4, 8,... parties égales.*

Soit l'angle A. On prend une ouverture de compas quelconque; on met la pointe sèche au sommet A et l'on décrit un arc BC dans l'angle; on met ensuite la pointe sèche du compas successivement en B et en C, et, avec une ouverture plus grande que la moitié de BC, on décrit 2 arcs qui se coupent au point D; enfin, on mène la ligne AD, qui est la *bissectrice* de l'angle BAC. On divise de la même manière chaque moitié de l'angle BAC en 2 parties égales, puis chaque quart en 2 parties, et ainsi de suite.

La longueur des côtés ainsi que l'ouverture de l'angle peut être évidemment différente de celle du modèle.

Fig. 2. — *Diviser un angle droit en 3 parties égales.*

Soit l'angle A. Avec une ouverture quelconque de compas, on trace un arc BC, du sommet A, puis, des points B et C comme centres, avec la même ouverture, on décrit 2 arcs qui coupent le premier aux points D et E; on joint AD et AE, et l'angle droit est divisé en 3 angles de 30° chacun.

Les deux arcs qui passent par les points D et E se rencontrent en F, ce qui donne la bissectrice AF.

La *trisection* d'un angle aigu ou obtus est un problème graphique qui n'a pas encore été résolu directement par un procédé élémentaire. On emploie le tâtonnement.

Fig. 3. — *Diviser un cercle en 2, 4, 8, 16... parties égales.*

Soit le cercle O. On trace d'abord le diamètre horizontal AB, qui divise le cercle en 2 parties égales, puis le diamètre vertical CD, ce qui donne 4 parties; des points A, C et B, comme centres, avec une ouverture de compas plus grande que 1/2 AC ou 1/2 BC, on décrit des arcs qui se coupent aux points E et F; on joint ces points au centre et l'on prolonge, ce qui divise le cercle en 8 parties égales; on continue de la même manière pour obtenir 16, 32... parties égales.

Fig. 4. — *Diviser un cercle en 3, 6, 12 et 24 parties égales.*

Soit le cercle O. On trace d'abord 2 diamètres perpendiculaires, et l'on divise chaque quart de cercle en 3 parties égales par le moyen indiqué sur la figure 2, ce qui donne 12 parties; on prolonge 2 arcs jusqu'à leur point de rencontre en E et l'on joint EO, ce qui divise l'arc FH en 2 parties égales et donne 1/24 de la circonférence. En résumé, on a : arc CF = 1/12 de la circonférence; arc FG = 1/24; arc CH = 1/6; arc CB = 1/4; arc CK = 1/3.

Fig. 5. — *Diviser un cercle en 5, 6, 10, 12 et 15 parties égales.*

Soit le cercle O. On trace 2 diamètres perpendiculaires; on détermine le milieu M de OB à l'aide de la perpendiculaire CD; on met la pointe sèche du compas en M et, avec une ouverture égale à MF, on décrit un arc EF; on trace la ligne EF, que l'on ramène sur la circonférence suivant EG. Cette ligne est le côté du pentagone régulier inscrit.

Dans le triangle rectangle EOF, EO représente le côté de l'hexagone régulier inscrit et FO, celui du décagone.

Si l'on joint EC, on a le côté du dodécagone; si l'on joint CB, on a encore le côté de l'hexagone; enfin, si l'on porte suivant CH le côté du décagone, on obtient HB pour le côté du pentédécagone.

Fig. 6. — *Construire un polygone régulier ayant un côté donné.*

Soit proposé de construire un octogone régulier ayant la ligne *a* pour côté. On décrit un cercle avec un rayon quelconque OA; on divise ce cercle en 8 parties égales; on trace un côté AB de l'octogone régulier et l'on joint BO. Sur le côté AB prolongé, on porte AC = *a*; on mène CF parallèle à BO; du point F comme centre, avec FC comme rayon, on décrit une circonférence, qu'il suffit de diviser ensuite en 8 parties égales pour avoir le polygone demandé.

Fig. 7. — *Tracer les cercles de la mappemonde.*

On commence par tracer un cercle O qui représente le ***méridien de front*** ou ***méridien principal***, puis l'***équateur*** EE′ et ***la ligne des pôles*** PP′, qui représente en même temps le ***méridien de profil***. (On appelle méridien un grand cercle qui fait le tour de la terre en passant par les pôles).

1° *Parallèles.* — Supposons qu'on veuille tracer 3 cercles parallèles dans chaque *hémisphère.* On divise le quart de cercle PE en 4 parties égales ; on mène une tangente en chaque point de division ; on opère de même sur le quart de cercle PE', et les points d'intersection des tangentes, situés sur le prolongement de la ligne des pôles, sont les centres des parallèles. On opère de la même manière pour l'autre hémisphère.

2° *Méridiens.* — Supposons maintenant que l'on veuille intercaler 3 méridiens entre la ligne PP' et la demi-circonférence PEP'. On divise l'angle droit P en 4 parties égales ; on prolonge les lignes de division jusqu'à la rencontre de l'équateur, et l'on obtient ainsi les trois centres des méridiens demandés. On opère de la même manière pour les trois méridiens de droite. On peut remarquer, sur la droite de la figure, la bissectrice de l'angle droit P, qui donnerait le centre d'un méridien à 45°, situé à égale distance de POP' et de PEP'.

Nota. — Le procédé précédent, qui permet de représenter rapidement autant de parallèles et de méridiens que l'on veut, donne une *projection stéréographique* de la mappemonde. Les avantages de ce mode de projection résultent des deux propriétés géométriques suivantes, que l'on démontre facilement : 1° *La projection stéréographique d'un cercle quelconque de la sphère est un cercle ;* 2° *Si deux courbes se coupent sur la surface de la sphère sous un certain angle, leurs projections stéréographiques se coupent sous le même angle.*

Les géographes emploient diverses méthodes, que nous ne pouvons indiquer ici, pour le tracé des parallèles et des méridiens.

Note sur l'emploi de la règle et de l'équerre. — Pour faire des constructions exactes avec la règle et l'équerre, il est indispensable que ces instruments soient eux-mêmes exacts, c'est-à-dire que les arêtes de la règle soient bien droites et que deux côtés de l'équerre soient réellement perpendiculaires l'un sur l'autre ; de là la nécessité de les vérifier.

1° *La règle.* — Pour vérifier un des grands côtés, on applique la règle sur une feuille de papier bien tendue et, avec un crayon bien taillé, on trace un trait suivant ce côté ; on retourne la règle autour de ce même côté et, après avoir placé les deux extrémités de la règle sur les deux extrémités de la ligne, on trace une seconde ligne, qui doit coïncider exactement avec la première. Si la règle est légèrement concave ou convexe, l'erreur est doublée par le retournement et se trouve accusée par une petite boucle. Il faut recommencer la même vérification pour l'autre côté de la règle.

2° *L'équerre.* — Après avoir placé un des côtés de l'angle droit de l'équerre sur une règle bien dressée, on trace une ligne droite suivant l'autre côté de l'angle droit avec un crayon bien taillé ; on retourne l'équerre de gauche à droite et, après avoir placé le sommet de l'angle droit au pied de cette ligne, on en trace une deuxième qui doit coïncider rigoureusement avec la première. Si l'angle était aigu, au lieu d'être droit, l'erreur serait doublée par le retournement et l'on obtiendrait un petit angle aigu ; si l'angle était obtus, les deux lignes menées se couperaient.

Nom de l'établissement. GÉOMÉTRIE Pl. XXXVII.

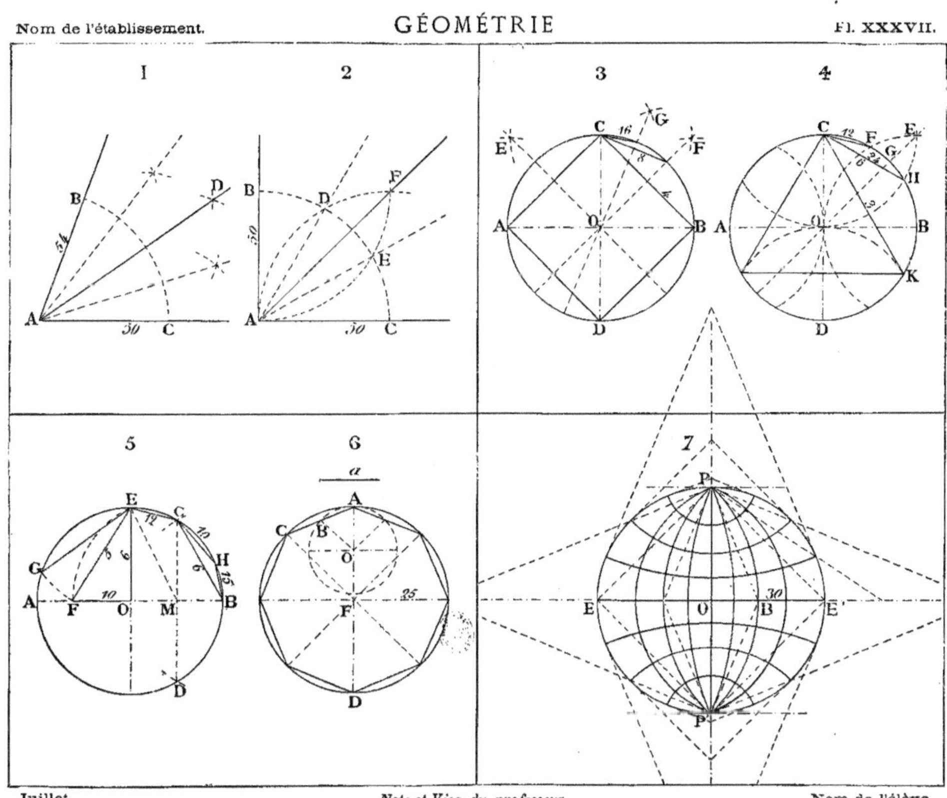

Juillet. *Note et Visa du professeur.* Nom de l'élève.

PLANCHE XXXVIII

COURS COMPLÉMENTAIRE

DESSIN

CONSTRUCTIONS GÉOMÉTRIQUES

Fig. 1. — *Construire un triangle connaissant les trois côtés.*

Soient les trois côtés *m*, *n*, *p*. On prend, sur une ligne indéfinie, une longueur BC égale à *m*, par exemple ; avec une ouverture de compas égale à *n*, et du point B comme centre, on décrit un arc ; avec une ouverture égale à *p*, et du point C comme centre, on décrit un autre arc, qui coupe le premier en A. On joint AB et AC, et l'on a le triangle demandé.

Pour que le problème soit possible, il faut que chacune des lignes données soit plus petite que la somme des deux autres.

Fig. 2. — *Construire un triangle connaissant deux côtés et l'angle compris entre eux.*

Soient les deux côtés *m* et *n* et l'angle *p*. On prend une longueur BC égale à l'un des côtés, à *m*, par exemple ; au point B, on fait un angle égal à l'angle donné, et l'on porte le côté *n* suivant BA ; enfin, on achève le triangle en joignant AC.

Le problème est toujours possible, quelles que soient les données.

Fig. 3. — *Construire un triangle connaissant un côté et les deux angles situés sur ce côté.*

Soient le côté *m* et les deux angles *n* et *p*. On prend une longueur BC égale à *m* ; au point B, on fait un angle égal à *n*, et au point C, un angle égal à *p*, ce qui donne le triangle demandé.

Pour que le problème soit possible, il faut que la somme des deux angles donnés soit plus petite que deux angles droits.

Fig. 4. — *Construire un triangle isocèle connaissant la base et l'angle du sommet.*

Soient la base *m* et l'angle *n*. On fait BC égale à *m* ; on prolonge ce côté d'une grandeur quelconque ; on construit l'angle DBE égal à l'angle *n* ; on trace la bissectrice de l'angle obtus EBC, ce qui donne la direction d'un côté du triangle ; enfin, au point C, on fait un angle égal à ABC et l'on a le triangle demandé.

Cette construction est basée sur ces deux faits : 1° la somme des angles d'un triangle quelconque est toujours égale à 2 droits ; 2° les angles à la base d'un triangle isocèle sont égaux.

Le problème est toujours possible.

Fig. 5. — *Construire un rectangle connaissant un côté et une diagonale.*

Soient la diagonale *m* et le côté *n*. On fait AD = *n* ; au point D, on élève une perpendiculaire sur AD ; du point A comme centre, avec une ouverture de compas égale à *m*, on décrit un arc qui coupe la perpendiculaire précédente au point C ; enfin, on mène CB parallèle à AD et AB parallèle à DC.

Fig. 6. — *Construire un parallélogramme connaissant deux côtés adjacents et l'angle compris entre eux.*

Soient les deux côtés *m* et *n* et l'angle *p*. On prend une longueur AD égale à *m* ; au point A, on construit un angle égal à l'angle donné ; on fait AB = *n* ; au point B, on mène une parallèle à AD, et au point D, une parallèle à AB, ce qui achève le parallélogramme demandé.

Fig. 7. — *Construire un losange connaissant un côté et un angle.*

Soient le côté *m* et l'angle *n*. On construit un angle A égal à *n* ; sur les côtés de cet angle, on porte la longueur *m* suivant AB et AD ; on trace la ligne BD, qui est une diagonale du losange, et, par le milieu O, on fait passer l'autre diagonale AO, que l'on prolonge d'une longueur OC = OA ; on trace ensuite BC et DC.

Fig. 8. — *Construire un trapèze connaissant les quatre côtés.*

Soient les quatre côtés *m*, *n*, *p*, *q*, parmi lesquels *m* et *p* doivent former les bases du trapèze. On trace une ligne AD, égale à la grande base *m* ; on porte, sur cette ligne, une longueur AE, égale à la petite base *p* ; sur ED, le reste, on construit un triangle ECD dont les deux autres côtés sont les côtés non parallèles du trapèze, savoir : EC = *q* et DC = *n*. On mène ensuite la ligne CB, égale et parallèle à AE, et l'on joint AB.

LES ÉCHELLES

Lorsqu'on veut représenter exactement une façade ou une coupe de bâtiment, un organe de machine, ou une machine complète, un jardin ou une propriété quelconque, une petite province ou un grand état, on fait usage d'une *échelle de réduction* convenablement choisie.

C'est ainsi que les architectes, qui ont généralement des surfaces peu étendues à représenter, emploient les échelles de 1 à 100 ou de 1 à 50 pour les vues d'ensemble, et celles de 1 à 20 ou de 1 à 10 pour les vues de détail. Cela signifie qu'une longueur d'un mètre, mesurée sur le papier, représente 100 mètres, 50 mètres, etc., mesurés sur le terrain; qu'une longueur d'un décimètre sur le papier représente 10 m., 5 m., sur le terrain. Les arpenteurs, qui ont généralement des surfaces plus grandes à mesurer, emploient les échelles de 1 à 1000, de 1 à 500 et de 1 à 200. Le plan d'ensemble de chaque commune de France est généralement à l'échelle de 1 à 2.500, et les plans parcellaires ou de détails, à l'échelle de 1 à 1.250. La belle carte de France, dressée par les officiers de l'État-major, est à l'échelle de 1 à 80.000.

Depuis quelques années, le ministère de l'intérieur a fait commencer une nouvelle carte générale de la France à l'échelle de 1 à 100.000; elle sera par conséquent plus petite que celle de l'État-major. Cette carte, exécutée avec un soin tout particulier par le corps des ponts et chaussées, est déjà livrée en partie au commerce par petits fragments et à bon marché.

La construction et l'usage des échelles offrent un intérêt tout particulier dans tous les genres de dessin, dans l'arpentage, dans l'étude de la géographie, etc. Si, par exemple, un élève ne sait pas faire la distinction de l'échelle qui accompagne une carte de la France ou de la Suisse avec celle qui accompagne, sur le même atlas, la carte de la Russie, il aura une idée très fausse de l'étendue de ces différents pays, et il sera étonné si on lui dit que la carte de France représente 528,545 kilom. carrés et celle de la Russie 5.412.094 kilom. carrés, c'est-à-dire dix fois plus environ.

L'emploi des échelles est la base même du dessin.

Fig. 9. — *Décimètre.* — L'échelle la plus employée par les dessinateurs est le double-décimètre, qui peut servir dans tous les cas suivants : 1 à 2 ou 50 centimètres pour 1 mètre; 1 à 5 ou 20 centimètres pour 1 mètre; 1 à 10 ou 10 centimètres pour 1 mètre; 1 à 20 ou 5 centimètres pour 1 mètre; 1 à 50 ou 2 centimètres pour 1 mètre; 1 à 100 ou 1 centimètre pour 1 mètre; 1 à 200 ou 5 millimètres pour 1 mètre; 1 à 500 ou 2 millimètres pour 1 mètre, et 1 à 1000 ou 1 millimètre pour 1 mètre.

Fig. 10. — *Echelle de* 1 *à* 40.

Dans cette échelle, 40 mètres sont représentés par 1^m, par conséquent, 1 mètre est représenté par $1/40 = 25^{mm}$, et 1 décimètre est représenté par $2^{mm},5$.

Sur une ligne indéfinie, on porte plusieurs fois une longueur de 25^{mm} représentant autant de fois un mètre; on divise la première longueur en 10 parties égales représentant des décimètres, ce qui constitue le *talon* de l'échelle, et l'on fait 2 graduations en sens inverse.

Cette dernière disposition permet de mesurer d'un seul coup une longueur donnée. Si l'on veut, par exemple, mesurer $3^m,80$, on n'a qu'à placer une des pointes du compas à l'extrémité droite de l'échelle et l'autre pointe au n° 8 du talon.

Fig. 11. — *Échelle décimale de* 1 *à* 4000.

Dans cette échelle, 4000 mètres sont représentés par 1^m, par conséquent, 1 mètre est représenté par $1/4000 = 0^m,00025$. Comme cette dernière longueur n'est pas facilement appréciable, on prend, pour le talon de l'échelle, une longueur 100 fois plus grande, c'est-à-dire 25^{mm}, représentant 1 hectomètre.

Sur une ligne indéfinie, on porte plusieurs fois une longueur de 25^{mm} représentant autant de fois un hectomètre, et l'on divise la première longueur en 10 parties égales représentant des décamètres.

Pour achever l'échelle, on élève, à une extrémité de l'horizontale indéfinie, une perpendiculaire, sur laquelle on porte dix fois une même longueur quelconque; on mène des horizontales par tous ces points de division, puis des verticales espacées de 25 millimètres, et enfin, des obliques dans le talon, en joignant la division 0 du haut à la division 1 du bas, la division 1 du haut à la division 2 du bas, et ainsi de suite. Il résulte de cette disposition que l'on peut mesurer, sur cette échelle, des hectomètres, des décamètres, des mètres et même des fractions de mètre. Ainsi, la longueur 172 mètres est indiquée par la ligne AB, et la longueur 238 mètres 50, par la ligne CD. Ces deux exemples font comprendre suffisamment l'usage de cette échelle.

Fig. 12. — *Rapporteur.* — La description et les usages du rapporteur ont été donnés dans la planche IX. Nous n'y reviendrons donc pas.

Pour effectuer la graduation, il faut opérer dans l'ordre suivant : tracer une perpendiculaire au point C; diviser chaque angle droit d'abord en 2 parties égales pour avoir des angles de 45°, puis en 3 parties égales pour avoir des angles de 30° et de 60° (Voy. pl. XXXVII); diviser chaque angle de 30° en 2 parties égales pour avoir des angles de 15°, puis ces derniers en 3 parties égales par *tâtonnement*. Il faut avoir soin de faire converger toutes les lignes de division vers le centre C.

Nom de l'établissement. **GÉOMÉTRIE** Pl. XXXVIII.

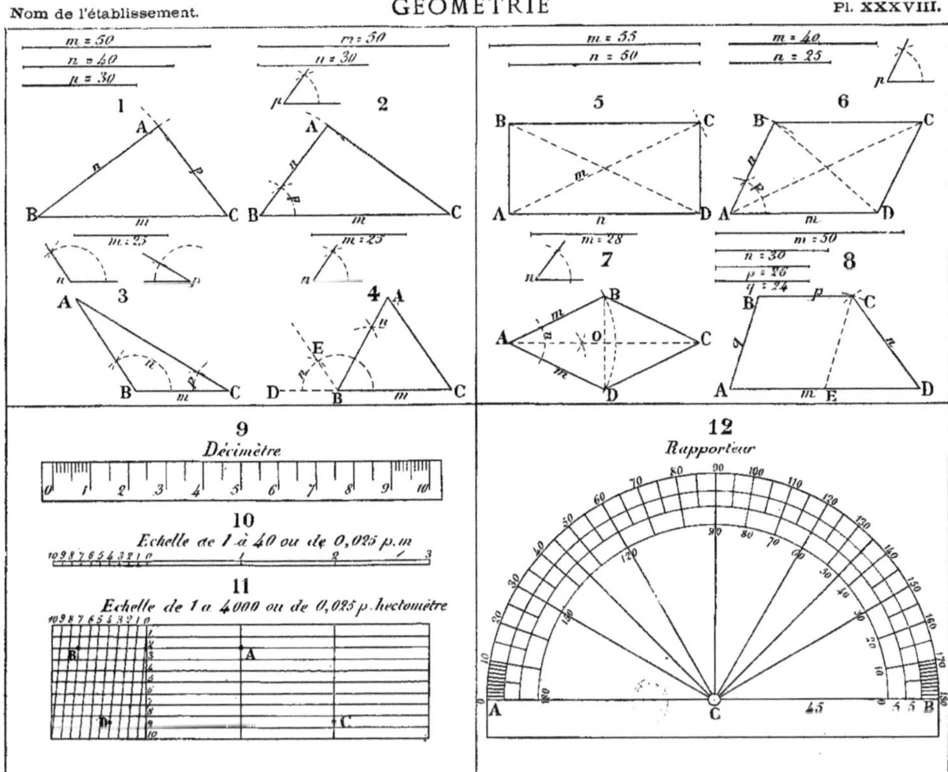

Juillet. *Note et Visa du professeur.* Nom de l'élève.

PLANCHE XXXIX

COURS COMPLÉMENTAIRE

DESSIN

CONSTRUCTIONS GÉOMÉTRIQUES

Fig. 1 — *Construire une ligne moyenne proportionnelle à 2 lignes données.*

Soit proposé de trouver une ligne moyenne proportionnelle à 2 lignes ayant 10^{mm} et 40^{mm}, c'est-à-dire une ligne dont le carré soit équivalent au rectangle construit avec les deux lignes données.

On porte ces lignes l'une au bout de l'autre ; on décrit une demi-circonférence sur la longueur obtenue comme diamètre, et l'on élève une perpendiculaire au point de jonction des deux lignes jusqu'à la rencontre de la circonférence. Cette perpendiculaire est la moyenne proportionnelle demandée, c'est-à-dire que l'on a :

$$AD^2 = BD \times DC.$$

Nous reviendrons sur cette question dans la planche XLI.

Fig. 2. — *Carré de l'hypoténuse.* — Construire un triangle rectangle ABC en prenant 12^{mm}, 16^{mm} et 20^{mm} pour côtés ; construire des carrés sur ces côtés, puis décomposer en petits carrés ayant 4^{mm} de côtés, de manière à faire voir que le carré de l'hypoténuse est équivalent à la somme des carrés des deux autres côtés.

$$12^2 = 144 ;\ 16^2 = 256 ;\ 20^2 = 400 ;\ 144 + 256 = 400.$$

Fig. 3. — *Construire un triangle qui soit égal au quart d'un triangle donné et semblable à ce triangle.*

Soit le triangle ABC. On joint les milieux des trois côtés et l'on obtient le triangle DEF, qui est le triangle demandé. Il faut remarquer que chaque côté du petit triangle obtenu en joignant les milieux de deux côtés du grand, est parallèle au troisième côté et égal à la moitié de ce troisième. Ainsi DE est parallèle à BC, EF à AB, DF à AC, et l'on a :

$$DE = \frac{1}{2}\,BC, EF = \frac{1}{2}\,AB,\ DF = 1/2\ AC.$$

Réciproquement, si l'on mène par chaque sommet d'un triangle une parallèle au côté opposé, on obtient un triangle qui est quadruple du premier.

Fig. 4. — *Construire un triangle semblable à un triangle donné connaissant un côté.*

Soient le triangle ABC et le côté m, qui doit être la base du triangle demandé. On trace une ligne $b\ c$ égale à m ; au point b, on fait un angle égal à B, et au point c, un angle égal à C. Il faut remarquer que les côtés semblablement placés, dans ces triangles sont proportionnels, c'est-à-dire que le côté AB du grand triangle contient $a\ b$ du petit de la même manière que le côté AC du grand contient $a\ c$ du petit, que BC contient $b\ c$. On exprime cette proportionnalité de la manière suivante :

$$\frac{AB}{bc} = \frac{AC}{ac} = \frac{BC}{bc}$$

On sait, d'ailleurs, que les angles de ces triangles sont respectivement égaux : $A = a$, $B = b$, $C = c$.

Les deux remarques importantes que nous venons de faire s'appliquent à tous les polygones semblables et s'énoncent de la manière suivante : 1° *deux polygones semblables ont leurs côtés homologues proportionnels ;* 2° *deux polygones semblables sont équiangles.*

Fig. 5. — *Construire un polygone semblable à un polygone donné connaissant un côté.*

Soient le polygone ABCDE et le côté m, égal à 5/6 de AB, sur lequel on veut construire le polygone demandé. On sait d'avance que chaque côté du polygone demandé doit être égal à 5/6 de son *homologue* du polygone donné, et que les angles des deux polygones doivent être respectivement égaux. D'après cela, on fait l'angle a égal à A, l'angle b égal à B, le côté $bc = 5/6$ BC, le côté $a\ e = 5/6$ AE ; du point e comme centre, avec une ouverture de compas égal à 5/6 de ED, on décrit un arc de cercle ; du point c avec 5/6 de CD, on décrit un autre arc, qui coupe le premier en d, et l'on achève le polygone $a\ b\ c\ d\ e$.

Si le polygone donné avait un plus grand nombre de côtés, on serait obligé de le décomposer en triangles par des diagonales et de construire successivement des triangles semblables aux triangles ainsi obtenus.

De ce que chaque côté du petit triangle est égal aux 5/6 d'un côté du grand, ce serait une grave erreur de croire que la surface de ce petit triangle est égale à 5/6 de celle du grand, car on démontre que *les surfaces des polygones semblables sont entre elles comme les carrés des côtés homologues.* Ainsi la surface du polygone $a\ b\ c\ d\ e$ est égale à $5/6 \times 5/6 = 25/36$ de celle du polygone ABCDE.

Fig. 6. — *Méthode des carrés pour construire deux figures semblables.*

La *méthode des carrés* est particulièrement avantageuse pour reproduire, soit en les augmentant, soit en les diminuant, les figures non géométriques, très irrégulières, comme une carte de géographie, une tête, un paysage, un bas-relief, etc.

Soit proposé de reproduire les limites du département de la Haute-Marne avec les chemins de fer qui le traversent en diminuant toutes les dimensions de 1/3. On construit un angle droit A ; on porte sur les côtés de cet angle une même longueur arbitraire, d'autant plus petite que l'on veut obtenir plus de précision dans la copie, et un nombre de fois assez grand pour pouvoir envelopper la figure dans un rectangle ABCD, soit, par exemple, 8 fois sur AB et 6 fois sur AD ; on trace des parallèles aux côtés du rectangle par les points de division, ce qui donne $6 \times 8 = 48$ carrés. On construit ensuite un rectangle *a b c d*, dont les côtés sont les 2/3 des côtés de ABCD, et on le divise également en 48 carrés, puis on dessine successivement le contour extérieur de la figure et les détails intérieurs en suivant attentivement le modèle.

Fig. 7. — *Construire un carré équivalent à plusieurs carrés donnés.*

Soient 3 carrés ayant m, n, p, pour côtés. On construit un angle droit B avec des côtés indéfinis ; on fait $AB = m$, $BC = n$, et l'on achève le triangle rectangle ABC, dans lequel l'hypoténuse AC est le côté d'un carré équivalent aux deux premiers carrés donnés; on fait ensuite $BD = AC$, $BE = p$, et l'on construit le triangle DBE, dans lequel l'hypoténuse DE est le côté d'un carré équivalent aux trois carrés donnés. Ce carré est DEFG. Si l'on avait un 4e carré, on porterait DE sur BD prolongé, le côté du 4e carré sur BE et l'on obtiendrait pour hypoténuse le côté d'un carré équivalent aux quatre carrés donnés, et ainsi de suite.

Fig. 8. — *Construire un carré équivalent à un rectangle donné.*

Soit le rectangle A B C D. On rabat le côté BC suivant BC'; on décrit une demi-circonférence sur AC' comme diamètre, et l'on élève une perpendiculaire BF jusqu'à la rencontre de cette circonférence : c'est le côté du carré demandé.

Cette construction est une conséquence de la figure 1. En effet, on a :

$$BF^2 = AB \times BC' \text{ ou } = BF^2 = AD \times BC.$$

Fig. 9. — *Construire un carré équivalent à un parallélogramme.*

Soit le parallélogramme A B C D. On élève deux perpendiculaires BE et AF sur la base jusqu'à la rencontre du côté D C prolongé, ce qui donne un rectangle A B E F équivalent au parallélogramme A B C D. En effet, par cette construction, on enlève au parallélogramme le petit triangle BEC pour le remplacer par son égal ADF. On est alors ramené au problème précédent, et l'on obtient le carré BGHK.

Fig. 10. — *Construire un carré équivalent à un triangle donné.*

Soit le triangle ABC. Par le milieu D de AB, on mène une ligne D E égale et parallèle à BC, et l'on achève le parallélogramme B C E D, qui est équivalent au triangle A B C. En effet, par cette construction, on remplace le petit triangle A D L par son égal CEL. On transforme ensuite le parallélogramme B C E D en un rectangle équivalent F G E D, et celui-ci en un carré équivalent, MGHK.

Fig. 11. — *Construire un triangle équivalent à un polygone régulier.*

Supposons un hexagone régulier dans le cercle O. Sur le côté A B prolongé, à partir du point A, on *développe* l'hexagone régulier, c'est-à-dire que l'on porte successivement 6 fois la longueur du côté; on joint A'O et l'on obtient le triangle A O A', équivalent au polygone donné. En effet, ce triangle peut être décomposé en six petits triangles équivalents ayant pour base un côté de l'hexagone et une hauteur commune qui serait l'apothème de l'hexagone; il en serait de même de ce dernier.

La construction précédente s'applique à tous les polygones réguliers, et, à la limite, à la circonférence, qui peut être considérée comme un polygone régulier ayant un très grand nombre de côtés. Il suffit, dans ce cas, de construire un triangle rectangle ayant pour côtés de l'angle droit le rayon et une tangente sur laquelle on développe la circonférence.

Fig. 12. — *Construire un carré équivalent à un trapèze donné.*

Soit le trapèze ABCD. Par le milieu E du côté AD, on mène une parallèle FG au côté BC, et l'on obtient un parallélogramme GBCF équivalent ou trapèze donné. En effet, on enlève au trapèze le petit triangle AEG pour le remplacer par un triangle égal EFD. On transforme ensuite le parallélogramme en un rectangle et ce dernier en un carré.

Fig. 13. — *Construire un triangle équivalent à un polygone irrégulier.*

Soit le pentagone irrégulier A B C D E. On prolonge un des côtés indéfiniment, CD par exemple; on mène les diagonales A C et A D ; par le sommet B, on mène une parallèle B F à A C, et, par le sommet E, une parallèle EG à AD; on joint AF et AG et l'on obtient le triangle AFG, équivalent au polygone donné. En effet, on a remplacé le triangle ABC par A F C, et le triangle A E D par A D G ; or les triangles ABC et AFC ont la même base A C et des hauteurs égales, puisque ces hauteurs seraient les perpendiculaires menées par les sommets B et F entre les parallèles A C et BF. On prouverait de la même manière que les deux triangles ADE et ADG sont équivalents comme ayant une base commune A D et des hauteurs égales.

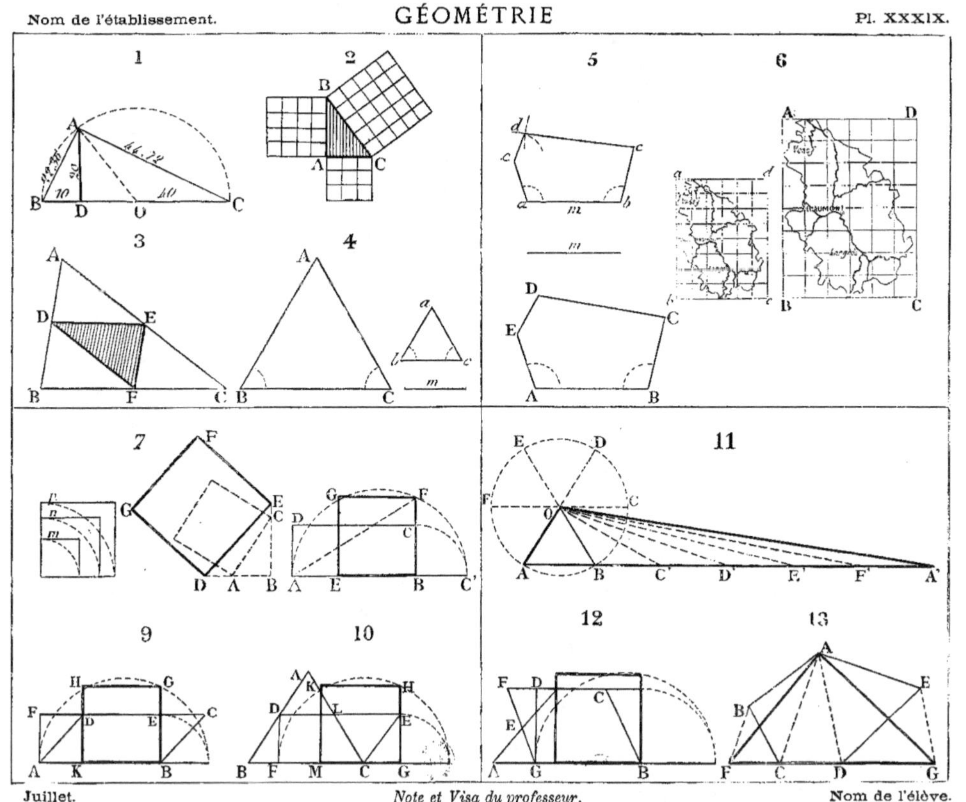

PLANCHE XL

COURS COMPLÉMENTAIRE

GÉOMÉTRIE

Carré et racine carrée. — Si l'on multiplie un nombre par lui-même, on a son *carré*. Voici les douze premiers nombres avec leurs carrés :

1,	2,	3,	4,	5,	6,	7,	8,	9,	10,	11,	12.
1,	4,	9,	16,	25,	36,	49,	64,	81,	100,	121,	144.

Si l'on extrait la *racine carrée* des nombres de la deuxième ligne, on obtient ceux de la première.

Le carré d'un nombre s'indique par un petit chiffre 2 placé en haut et à droite du nombre et appelé *exposant*.

La racine carrée d'un nombre s'indique par un signe particulier, appelé *radical*, formé d'un V avec un trait horizontal.

$$12^2 = 12 \times 12 = 144.$$
$$\sqrt{144} = 12.$$

Pour extraire la racine carrée d'un nombre entier, on le sépare en tranches de deux chiffres à partir de la droite, la dernière tranche à gauche pouvant avoir un ou deux chiffres ; on fait un trait vertical et un trait horizontal comme pour la division ; on extrait la racine carrée de la première tranche à gauche et l'on écrit le chiffre trouvé à la place du diviseur ; on retranche le carré de ce chiffre de la première tranche à gauche ; à côté du reste, on abaisse la tranche suivante et l'on sépare le premier chiffre à droite par un point ; on fait le double de la racine et l'on écrit ce double à la place du quotient ; on divise la partie à gauche du point par le double de la racine, ce qui donne le deuxième chiffre de la racine ; on écrit ce chiffre à droite du double et en dessous pour faire une multiplication ; on retranche le produit obtenu du reste, puis on abaisse deux nouveaux chiffres ; on continue ainsi jusqu'à ce que toutes les tranches soient abaissées.

Si l'on veut des chiffres décimaux, *on écrit deux zéros à droite du nombre entier pour avoir des dixièmes à la racine, quatre zéros pour avoir des centièmes, et ainsi de suite.*

A. Houguenet.

Si l'on cherche la racine d'un nombre décimal, *il faut que le nombre des chiffres décimaux soit pair, car la virgule ne doit pas être déplacée.*

Enfin, si l'on veut avoir la racine d'une fraction ordinaire, *le procédé le plus simple consiste à convertir d'abord la fraction en décimales et à extraire ensuite la racine carrée.*

Soit proposé d'extraire la racine carrée du nombre 136,475 à un centième près.

Il faut ajouter un zéro à la droite du nombre avant de le séparer en tranches de deux chiffres, et disposer l'opération de la manière suivante :

```
1.3 6,4 7.5 0 | 11,68
0 3.6         |--------------------
  1 5 4.7     | 21   226   2328
    1 9 1 5.0 |  1     6      8
        5 2 6 | 24  1356  18624
```

La racine est 11,68; il reste 0,0526.

On reconnaît qu'un chiffre mis à la racine est trop grand quand on ne peut pas faire la soustraction.

On reconnaît qu'un chiffre mis à la racine est trop petit quand le reste est au moins égal à deux fois la racine plus un.

Problème I. — *On veut construire un tableau noir carré, dont la surface soit de 2 mètres carrés. Quelle doit être, à un millimètre près, la longueur du côté ?*

Pour avoir des millimètres à la racine, il faut ajouter 6 zéros à la droite du nombre 2 et opérer de la manière suivante :

```
2, 00. 00.00 | 1,414
1  0.0       |--------------------
    4 0.0    | 24   281   2824
             |  4     1      4
     119 0.0   96   281  11296
         604
```

La longueur demandée est 1m,414.

Problème II. — *La surface d'un terrain rectangulaire est de 7 ares 99 centiares 35 décimètres carrés, et la largeur est égale à 3/5 de la longueur. Quelles sont ces deux dimensions ?*

Si l'on représente la longueur par x, la largeur sera $\frac{3}{5}$ de x, ou $\frac{3x}{5}$; la surface sera donnée par l'égalité suivante :

$$S = x \times \frac{3x}{5} = 799,35,$$

ou

$$S = \frac{3x^2}{5} = 799,35.$$

On a successivement :

$$3x^2 = 799,35 \times 5 = 3996,75\ ;$$

$$x^2 = \frac{3996,75}{3} = 1332,25\ ;$$

$$x = \sqrt{1332,25} = 36^m,5\ ;$$

$$\frac{3x}{5} = \frac{36,5 \times 3}{5} = 21^m,9.$$

La longueur du rectangle est $36^m,5$ et la largeur $21^m,9$.

DESSIN

CONSTRUCTIONS GÉOMÉTRIQUES

Le titre principal sera le mot RACCORDEMENTS, dont la longueur est ainsi composée : 12 lettres de 4^{mm} ou 48^{mm} ; une lettre de 6^{mm} ; 12 intervalles de 2^{mm} ou 24^{mm} ; total, 78^{mm}. Il faut donc compter 39^{mm} de chaque côté de la directrice verticale.

Rappelons d'abord les deux remarques que nous avons faites dans la planche XV, puis nous ajouterons deux principes importants.

1° *Lorsqu'une droite est tangente à un cercle ou lorsque deux cercles sont tangents, les deux lignes doivent se superposer au point de contact.*

2° *Dans les raccordements entre droites et circonférences, il faut toujours passer à l'encre les courbes avant les droites.*

PREMIER PRINCIPE. — *Lorsqu'une droite est tangente à une courbe, la perpendiculaire au point de contact ou de raccord passe par le centre de courbure de la courbe ; dans le cas particulier d'une droite et d'un cercle, cette perpendiculaire passe par le centre du cercle.*

DEUXIÈME PRINCIPE. — *Lorsque deux courbes se raccordent, le point de contact et les deux centres de courbure correspondants sont en ligne droite ; dans le cas particulier de deux cercles, les deux rayons qui aboutissent au point de contact sont en ligne droite.*

FIG. 1. — *Raccorder 3 droites qui se coupent par un arc de cercle.*

On mène les bissectrices des angles A et B : le point d'intersection O est le centre de l'arc de cercle. Pour avoir les trois points de raccord ou de tangence, il suffit d'abaisser une perpendiculaire du point O sur chacune des lignes données.

FIG. 2. — *Construire le cercle inscrit et les trois cercles ex-inscrits à un triangle donné.*

On mène les bissectrices du triangle, ce qui donne le centre du cercle inscrit. Pour avoir les trois points de raccord ou de tangence, il suffit d'abaisser une perpendiculaire du point O sur chacun des trois côtés. On mène ensuite les bissectrices des angles extérieurs au triangle : les intersections successives O′, O″, O‴ sont les centres des cercles ex-inscrits, qui doivent être tangents chacun à un côté du triangle et au prolongement des deux autres.

Ce problème n'est que la répétition du précédent ; cependant il offre une certaine difficulté à cause des douze points de raccord qu'il faut déterminer. Si le triangle donné était équilatéral, il n'y aurait que 9 points de tangence.

Il faut remarquer que les bissectrices des angles extérieurs au triangle sont perpendiculaires aux bissectrices des angles intérieurs, et que les quatre centres sont deux à deux sur ces dernières.

FIG. 3. — *Construire des cercles tangents entre eux et tangents à 2 droites concourantes.*

On mène la bissectrice de l'angle des droites, laquelle se confond avec la bissectrice de tout angle intérieur qui aurait ses côtés parallèles aux droites et situés à la même distance de chacune d'elles. On prend un point quelconque O de cette bissectrice pour centre de la première circonférence, que l'on décrit avec le rayon OA, perpendiculaire sur AA″. Au point B, on élève une perpendiculaire BC sur la bissectrice, et, du point C comme centre, avec CB pour rayon, on décrit un arc qui donne le point de contact A′ de la deuxième circonférence avec AA″. On élève la perpendiculaire A′O′ sur AA″ et, du point O′, on décrit cette deuxième circonférence. On opère de même pour la troisième circonférence, pour la quatrième, et pour un nombre quelconque de circonférences.

FIG. 4. — *Tracer 2 tangentes à une circonférence par un point extérieur à cette circonférence.*

On joint AO et, sur cette ligne comme diamètre, on décrit une circonférence qui coupe la circonférence donnée en B et en B′. On mène AB et AB′, qui sont les deux tangentes demandées.

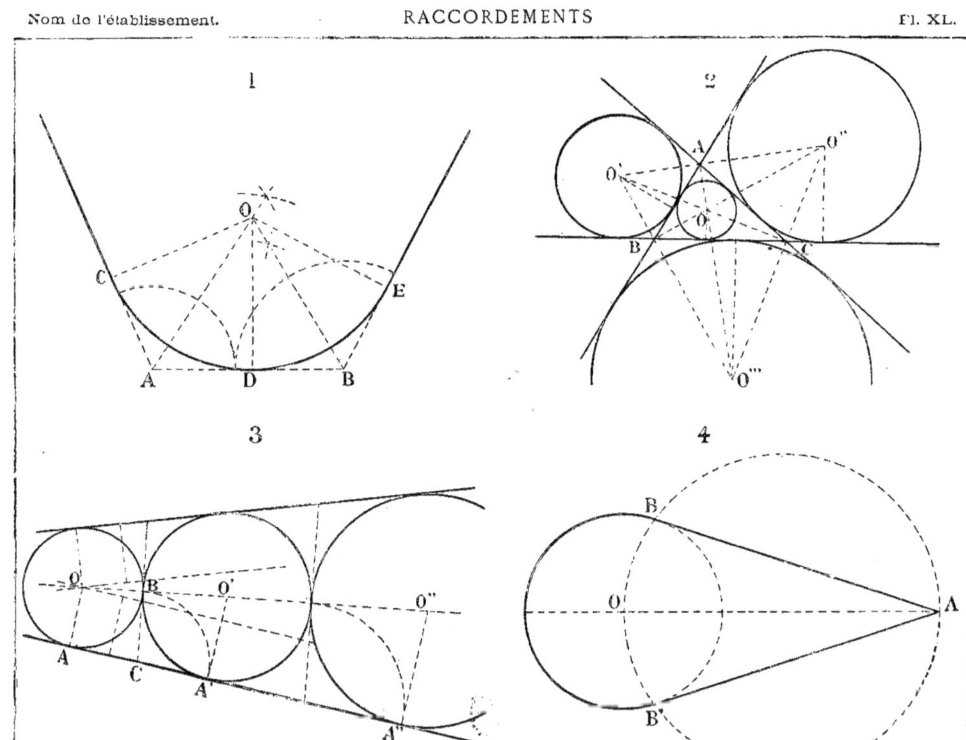
1
O
C
E
A
D
B
2
A
O"
O'
O
B
C
O'"
3
O
B
O'
O"
A
C
A'
A"
4
B
O
A
B'

PLANCHE XLI

COURS COMPLÉMENTAIRE

GÉOMÉTRIE

Nous avons déjà dit (Pl. XXXIX) qu'une ligne est moyenne proportionnelle à deux autres lignes, quand le carré construit avec la première comme côté est équivalent au rectangle ayant les deux autres pour longueur et pour largeur. De même, une quantité est *moyenne proportionnelle* à deux autres, quand son carré est égal au produit de ces deux autres.

Ainsi le nombre 4 est moyen proportionnel avec 2 et 8, parce que l'on a :

$$4^2 = 2 \times 8 = 16.$$

Le nombre 6 est moyen proportionnel avec les nombres 2 et 18, 3 et 12, 4 et 9, parce que l'on a :

$$6^2 = 2 \times 18 = 3 \times 12 = 4 \times 9 = 36.$$

On démontre le théorème suivant :

Si l'on abaisse une perpendiculaire du sommet de l'angle droit d'un triangle rectangle sur l'hypoténuse, 1° cette perpendiculaire est moyenne proportionnelle entre les deux segments qu'elle détermine sur l'hypoténuse; 2° chaque côté de l'angle droit est moyen proportionnel entre l'hypoténuse entière et le segment adjacent.

Considérons le triangle rectangle ABC (fig. 1, pl. XXXIX), dans lequel nous supposerons l'hypoténuse BC égale à 50^{mm}, la perpendiculaire AD abaissée sur cette hypoténuse égale à 20^{mm}, les côtés AB et AC de l'angle droit égaux à 22,36 et 44,72.

D'après l'énoncé précédent, nous pouvons écrire :

$$1° \begin{cases} AD^2 = BD \times CB \\ 20^2 = 10 \times 40 = 400 \end{cases}$$

$$2° \begin{cases} AB^2 = BC \times BD \\ 22,36^2 = 50 \times 10 = 500 \\ AC^2 = BC \times DC \\ 44,72^2 = 50 \times 40 = 2000 \end{cases}$$

Additionnons les valeurs de AB^2 et de AC^2; nous obtenons :

$$AB^2 + AC^2 = BC \times BD + BC \times DC$$

ou bien, en remarquant que le facteur BC est commun aux produits,

$$AB^2 + AC^2 = BC\,(BD + DC) = BC \times BC = BC^2,$$
$$22,36^2 + 44,72^2 = 500 + 2000 = 2500 = 50^2.$$

Ce dernier résultat est remarquable parce qu'il conduit à l'énoncé d'un théorème célèbre, dû à Pythagore.

Le carré construit sur l'hypoténuse d'un triangle rectangle est équivalent à la somme des carrés construits sur les côtés de l'angle droit.

Remarque. — Il résulte de cette propriété du carré de l'hypoténuse que, lorsqu'on veut vérifier si un angle est droit, soit sur le terrain, soit dans un bâtiment, on mesure une certaine longueur sur chacun des côtés de l'angle, puis la ligne qui joint les extrémités, et l'on fait le carré des trois nombres obtenus :

1° *Si le carré du troisième nombre est égal à la somme des carrés des deux premiers, l'angle est droit;*

2° *Si le carré du troisième nombre est plus grand que la somme des carrés des deux premiers, l'angle est obtus;*

3° *Si le carré du troisième nombre est plus petit que la somme des carrés des deux premiers, l'angle est aigu.*

Les longueurs les plus convenables à porter sur les côtés de l'angle sont 3 mètres et 4 mètres, ou les multiples 6 et 8, 9 et 12, 12 et 16, etc. Quand l'angle est droit, on doit trouver, pour l'hypoténuse, 5, 10, 15, 20, etc. En effet, $3^2 + 4^2 = 5^2$; $6^2 + 8^2 = 10^2$; $9^2 + 12^2 = 15^2$; $12^2 + 16^2 = 20^2$, etc.

Cette vérification est facile à faire dans un appartement pour s'assurer que les angles des pièces qui le composent sont droits. Il est évident qu'on peut employer la même méthode pour des grandeurs plus petites, en prenant, 3, 4 et 5 décimètres, 3, 4 et 5 centimètres, etc.

Problème. — *Les deux bases d'un trapèze isocèle ou symétrique ont respectivement 15 mètres et 9 mètres, et la surface de ce trapèze est égale à 48 mètres carrés. Quelle est la longueur des deux autres côtés ?*

On sait que la surface d'un trapèze s'obtient en multipliant la demi-somme des bases par la hauteur.

$$S = \frac{B + b}{2} \times h.$$

Si l'on multipliait la somme des bases par la hauteur, on obtiendrait 2 fois la surface.

$$(B + b) \times h = 2\ S.$$

Cette dernière égalité donne la hauteur du trapèze :

$$h = \frac{2\ S}{B + b} = \frac{48 \times 2}{15 \times 9} = 4 \text{ mètres.}$$

Il faut remarquer maintenant qu'il y a 2 petits triangles rectangles égaux dont la hauteur est de 4 mètres et la somme des bases de 15 — 9 = 6 mètres, ce qui fait 3 mètres pour la base de chacun d'eux. Il reste donc à calculer l'hypoténuse d'un triangle rectangle dont les côtés de l'angle droit ont 4 mètres et 3 mètres :

$$4^2 + 3^2 = 16 + 9 = 25,$$
$$\sqrt{25} = 5.$$

La longueur demandée est 5 mètres.

DESSIN

CONSTRUCTIONS GÉOMÉTRIQUES

Le titre sera encore le mot Raccordements (Voy. pl. XL).

Fig. 1 — *Tracer* 2 *tangentes communes à* 2 *circonférences*(1re *solution*).

1° Pour obtenir les tangentes communes *extérieures*, on mène 2 rayons parallèles quelconques dans le même sens, OA et O'A'; on joint AA', que l'on prolonge jusqu'à la rencontre de la ligne des centres, en C, et, par le point C, on fait passer les tangentes demandées. Il suffit alors de mettre le bord de la règle au point C et de l'amener à toucher les deux circonférences.

2° Pour obtenir les tangentes communes *intérieures*, on mène 2 rayons parallèles quelconques de sens contraire, OB et O'B'; on joint BB', et, par le point de rencontre C' avec la ligne des centres, on fait passer les tangentes demandées.

Pour avoir les points de tangence, il suffit d'abaisser des perpendiculaires sur les quatre tangentes par les centres O et O'.

Remarque. — Si l'on joint les extrémités de deux autres rayons parallèles et de même sens, on obtient encore une ligne passant par le point C, qui est appelé *centre de similitude extérieur*. Si l'on joint les extrémités de deux autres rayons parallèles et de sens contraire, on obtient encore une ligne passant par le point C', qui est appelé *centre de similitude intérieur*.

Fig. 2. — *Tracer* 2 *tangentes communes à* 2 *circonférences* (2e *solution*).

1° Pour obtenir les tangentes *extérieures*, on décrit une petite circonférence concentrique à la plus grande, avec un rayon égal à la différence des rayons donnés. Par le centre O', on fait passer 2 tangentes à cette petite circonférence (voy. pl. XL) et l'on abaisse sur ces tangentes les perpendiculaires O*a* et O*a'*, que l'on prolonge jusqu'en A et en A'. Enfin, par ces deux derniers points, on mène des parallèles à O'*a* et O'*a'*, ce qui donne les tangentes demandées.

2° Pour obtenir les tangentes *intérieures*, on décrit une circonférence concentrique à l'une d'elles, avec un rayon égal à la somme des rayons donnés. Par le centre O' de l'autre, on mène 2 tangentes à cette grande circonférence ; on joint O*d* et O*d'*, et, par les points de rencontre D et D' avec la circonférence O, on mène des parallèles à O'*d* et O'*d'*.

Fig. 3. — *Raccorder une circonférence et une droite par un arc de cercle de rayon donné.*

En un point quelconque de la droite, on élève une perpendiculaire AC, égale au rayon donné *r*, et, par l'extrémité de cette perpendiculaire, on mène une parallèle à la droite. Du centre O, avec une ouverture de compas égale à la somme des rayons de l'arc donné R et de l'arc demandé *r*, on décrit une circonférence, qui coupe la parallèle précédente au point O' : c'est le centre cherché. Le point de raccord des deux arcs a lieu sur la ligne des centres OO'.

Comme on le voit, cette construction est une application des deux principes énoncés au commencement de la planche précédente. En effet, si l'on abaisse la perpendiculaire O'B sur AB, on obtient le point de raccord de cette droite avec l'arc, et si l'on mène la ligne des centres OO', on obtient le point de raccord des deux arcs au point D.

Fig. 4. — *Raccorder* 2 *arcs de cercles, dont l'un en un point donné, par un troisième arc de cercle.*

Soient les deux arcs O et O' que l'on veut raccorder par un troisième arc passant au point A du premier.

On joint OA que l'on prolonge indéfiniment ; sur ce rayon, à partir du point A, on porte la longueur AB égale au rayon de l'arc O' ; on joint BO', et, par le milieu de cette dernière ligne, on élève une perpendiculaire, qui rencontre le rayon OA prolongé au point C, centre de l'arc demandé. Pour obtenir le point de raccord avec le deuxième arc, il suffit de joindre CO'.

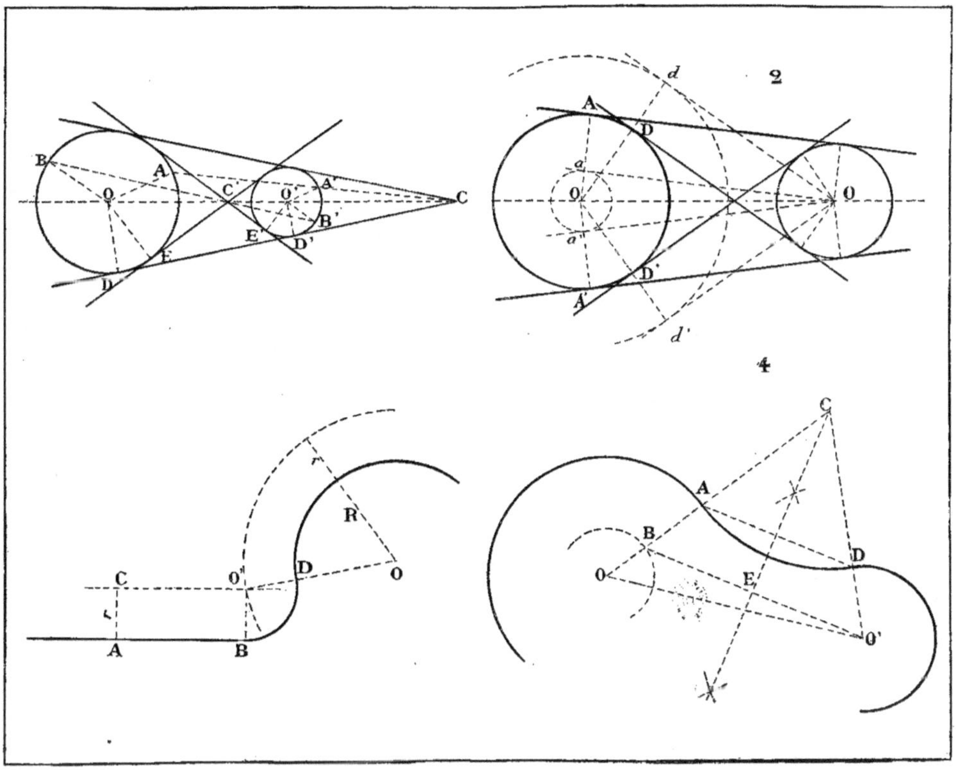

B
A
O
C'
O'
A'
B'
E'
D'
E
D
C
d
2
A
D
a
O
O
a'
D'
A'
d'
4
C
r
R
D
O
C
O'
A
B
A
B
D
O
E
O'

PLANCHE XLII

COURS COMPLÉMENTAIRE

GÉOMÉTRIE

Proposons-nous de calculer la surface des terrains représentés dans la planche XLII.

Fig. 8. — *Polygone rectiligne décomposé en triangles par des diagonales.*

Surface du 1er triangle $= \dfrac{13 \times 2}{2} = 13^{mq}$

— 2e — $= \dfrac{14 \times 9}{2} = 63^{mq}$.

— 3e — $= \dfrac{14 \times 4,5}{2} = 31^{mq},50$.

— 4e — $= \dfrac{12,20 \times 5}{2} = 30^{mq},50$.

Surface totale . . . . $= 138^{mq},00$.

Fig. 9. — *Polygone rectiligne décomposé en triangles et en quadrilatères par une base d'opérations.*

Le premier triangle rectangle a $3 + 5 = 8$ mètres de base et 10 mètres de hauteur ; sa surface est égale à $\dfrac{8 \times 10}{2} = 40^{mq}$.

La figure suivante est un rectangle qui a $2 + 4 + 7 = 13$ mètres de base et 10 mètres de hauteur ; sa surface est égale à $13 \times 10 = 130^{mq}$.

La surface du triangle suivant est $\dfrac{5 \times 10}{2} = 25^{mq}$.

En revenant à gauche et en dessous de la base d'opérations, on a successivement :

1° Un triangle dont la surface est égale à $\dfrac{3 \times 12}{2} = 18^{mq}$;

2° Un trapèze dont la surface est égale à $\dfrac{12 + 15}{2} \times 7 = 94^{mq},50$;

3° Un autre trapèze dont la surface est égale à $\dfrac{15 + 20}{2} \times 4 = 70^{mq}$;

A. BOUGUERET.

4° Enfin un triangle dont la surface est égale à $\dfrac{20 \times 12}{2} = 120^{mq}$.

Surface totale $= 40 + 130 + 25 + 18 + 94,5 + 70 + 120 = 497^{mq},50$.

DESSIN

APPLICATIONS

Le titre principal sera le mot Arpentage, dont la longueur est ainsi composée : 9 lettres de 4^{mm} ou 36^{mm} ; 8 intervalles de 2^{mm} ou 16^{mm} ; total, 52^{mm}. Il faut donc compter 26^{mm} de chaque côté de la directrice verticale.

I. Partage des terrains. — Fig. 1. — *Parallélogramme.* — Pour partager un parallélogramme en parties égales, il suffit de diviser un côté en parties égales et de mener des parallèles au côté adjacent.

Fig. 2. — *Triangle.* — Pour partager un triangle en 5 triangles équivalents, par exemple, il suffit de diviser la base en 5 parties égales et de joindre au sommet. On obtient 5 triangles ayant des bases égales et la même hauteur que le triangle donné.

Fig. 3. — *Trapèze.* — Pour partager un trapèze en 3 parties équivalentes, par exemple, il suffit de diviser chacune des bases en 3 parties égales et de joindre les points de division. On obtient 3 trapèzes ayant des bases égales et la même hauteur que le trapèze donné.

Fig. 4. — *Quadrilatère.* — Pour partager un quadrilatère irrégulier, ABCD en 2 parties équivalentes, on le transforme d'abord en un triangle équivalent EDC par le procédé indiqué dans la planche XXXIX ; on divise le triangle en deux parties équivalentes, au moyen de la médiane DF, qui divise en même temps le polygone.

II. Mesure des distances inaccessibles. — Fig. 5, 6 et 7. — Soit d'abord proposé de mesurer la largeur AB d'une rivière lorsqu'on est placé en B.

On trace un alignement ABC avec des jalons ; on élève une perpendiculaire CD d'une longueur convenable ; on trace un autre alignement DEA et, par un point quelconque E de cet alignement, on abaisse une perpendiculaire sur CD. On forme ainsi deux triangles rectangles DEF et DCA qui sont semblables et qui ont leurs côtés proportionnels :

$$\frac{AC}{EF} = \frac{CD}{FD},$$

d'où

$$AC = \frac{CD \times EF}{FD}.$$

Connaissant AC, on en retranche la longueur BC, et l'on a AB.

Application numérique. — Soit DF = 21ᵐ 50, DC = 46, 20, EF = 38, 60 et BC = 48.

$$AC = \frac{46,2 \times 38,6}{21,5} = 82,95 \,;\; AB = 82,95 - 48 = 34,95.$$

Soit maintenant proposé de mesurer la distance AB, située sur la rive gauche d'une rivière, lorsqu'on est placé sur la rive droite.

On choisit convenablement une base d'opérations CD ; on abaisse deux perpendiculaires AC et BD que l'on prolonge indéfiniment ; au point C, avec un instrument appelé *graphomètre*, on fait deux angles égaux BCD et DCB' ; au point D, on fait de même deux angles égaux ADC et CDA', et l'on mesure la ligne A'B', qui est précisément égale à AB.

Soit enfin proposé de mesurer la hauteur d'une tour.

Le point D indique la position de l'œil de l'opérateur, qui regarde le sommet de la tour pendant qu'un aide se transporte en avant avec une perche tenue bien verticalement. A un moment donné, l'extrémité de la perche, le sommet de la tour et l'œil de l'opérateur sont en ligne droite. On mesure alors les longueurs DG = EH, DC = EB, et FG, et l'on a la proportion suivante :

$$\frac{AC}{FG} = \frac{DC}{DG},$$

d'où

$$AC = \frac{DC \times FG}{DG}.$$

Connaissant AC, il suffit d'ajouter la hauteur de l'œil de l'observateur pour avoir AB.

Application numérique. — Soit DC = 5,20, FG = 1,20, DG = 1,50 et DE = 1,60.

$$AC = \frac{5,2 \times 1,2}{1,5} = 4,16 \,;\; AB = 4,16 + 1,60 = 5,76.$$

III. Arpentage. — La mesure de la surface et la représentation des terrains de forme irrégulière sont deux questions très intéressantes. Nous étudierons les principaux cas qui peuvent se présenter.

Fig. 8. — *Polygone rectiligne.* — Après avoir planté un *jalon* à tous les sommets du polygone, on le décompose en triangles par des diagonales issues d'un même sommet ; on abaisse, des différents sommets du polygone, des perpendiculaires sur les diagonales au moyen d'un instrument appelé *équerre d'arpenteur ;* on mesure, avec la *chaîne d'arpenteur*, les bases et les hauteurs des triangles ainsi formés et l'on fait la somme de toutes les surfaces partielles. (Voy. plus haut.)

Pour faire le plan à une échelle quelconque, par exemple, 1 à 250 ou 4ᵐᵐ pour mètre, on n'a qu'à construire l'un à côté de l'autre chacun des triangles formés, après avoir mesuré les trois côtés.

Fig. 9. — Il est souvent plus avantageux de tracer, dans l'intérieur d'un polygone, une droite, convenablement choisie, appelée *base d'opérations*, puis d'abaisser, des différents sommets, des perpendiculaires sur cette base et de mesurer ensuite les triangles rectangles, les trapèzes et les rectangles ainsi formés. (Voy. plus haut.)

Pour construire le plan, on commence par tracer une ligne indéfinie sur laquelle on porte la base d'opérations, à une certaine échelle, ainsi que les pieds de toutes les perpendiculaires (l'échelle adoptée pour la figure est celle de 1 à 500 ou 2ᵐᵐ pour mètre) ; on trace ensuite ces perpendiculaires avec la règle et l'équerre et à la même échelle que la base d'opérations, et l'on joint leurs extrémités.

Fig. 10. — *Polygone mixtiligne.* — Lorsqu'on doit mesurer la surface et faire le plan d'un terrain limité par une courbe et des droites, on trace d'abord une base d'opérations convenablement choisie ; on décompose la courbe en parties inégales, sensiblement droites, à l'aide de jalons ; on abaisse des perpendiculaires sur la base et l'on est ramené au problème précédent.

Le plan est fait à l'échelle de 1 à 500 ou 2ᵐᵐ pour mètre. (Voir les calculs dans la planche XLIII.)

Fig. 11. — Lorsqu'on ne peut pas pénétrer dans le polygone à mesurer, comme cela arrive pour un étang, un marais, un bois, etc., on l'entoure d'un rectangle ou d'un carré ou d'un autre polygone simple ; on décompose le contour sinueux du polygone en parties à peu près droites ; on abaisse des perpendiculaires sur les côtés du cadre enveloppant, ce qui donne des triangles rectangles et des trapèzes faciles à mesurer ; on calcule les surfaces de l'enveloppe et des petites figures ; on retranche ces dernières de la première et il reste la surface demandée.

Le plan est encore fait à l'échelle de 2ᵐᵐ pour mètre. (Voir les calculs dans la planche XLIII.)

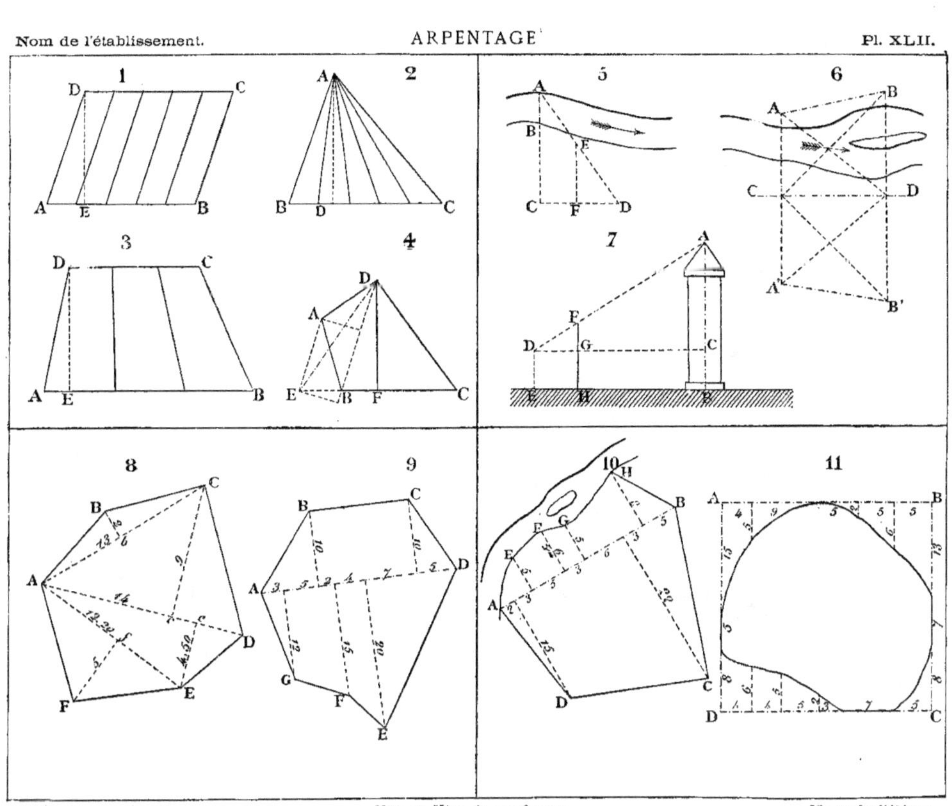
Nom de l'établissement.
ARPENTAGE
Pl. XLII.
Août.
Note et Visa du professeur.
Nom de l'élève.

PLANCHE XLIII

COURS COMPLÉMENTAIRE

GÉOMÉTRIE

Calculons la surface des figures 10 et 11 de la planche précédente.

FIG. 10. — *Polygone mixtiligne décomposé par une base d'opérations.*

1er triangle	$\frac{5 \times 5}{2}$	$=$	$12^{mq},50$
1er trapèze	$\frac{5+6}{2} \times 5$	$=$	$27^{mq},50$
2e —	$\frac{5+6}{2} \times 3$	$=$	$16^{mq},50$
3e —	$\frac{5+8}{2} \times 9$	$=$	$58^{mq},50$
2e triangle	$\frac{8 \times 5}{2}$	$=$	$20^{mq},00$
3e —	$\frac{2 \times 15}{2}$	$=$	$15^{mq},00$
4e trapèze	$\frac{15+22}{2} \times 17$	$=$	$314^{mq},50$
4e triangle	$\frac{22 \times 8}{2}$	$=$	$88^{mq},00$
Surface totale		$=$	$552^{mq},50$

FIG. 11. — *Polygone dans lequel on ne peut pénétrer.*

1er trapèze	$\frac{8+6}{2} \times 4$	$=$	$28^{mq},00$
2e —	$\frac{6+5}{2} \times 4$	$=$	$22^{mq},00$
3e —	$\frac{5+2}{2} \times 5$	$=$	$17^{mq},50$
A reporter.....			$67^{mq},50$

Report.....			$67^{mq},50$
1er triangle	$\frac{2 \times 3}{2}$	$=$	$3^{mq},00$
2e —	$\frac{5 \times 8}{2}$	$=$	$20^{mq},00$
4e trapèze	$\frac{6+13}{2} \times 5$	$=$	$47^{mq},50$
5e —	$\frac{6+2}{2} \times 5$	$=$	$20^{mq},00$
3e triangle	$\frac{5 \times 2}{2}$	$=$	$5^{mq},00$
4e —	$\frac{9 \times 5}{2}$	$=$	$22^{mq},50$
6e trapèze	$\frac{15+5}{2} \times 4$	$=$	$40^{mq},00$
Total.		$=$	$225^{mq},50$

Surface du grand carré $= 28 \times 28 = 784$.
Surface du polygone $= 784 - 225,50 = 558^{mq},50$.

PROBLÈME I. — *Quelle est la surface d'un terrain carré qui a 52 mètres de diagonale?*

La diagonale est l'hypoténuse de deux triangles rectangles isocèles, et l'on a, en désignant le côté du carré par *c* :

$$2\,c^2 = 52^2 = 2704\,;$$

$$c^2 \text{ ou la surface demandée} = \frac{2704}{2} = 1352^{mq}.$$

PROBLÈME II. — *La perpendiculaire abaissée du sommet de l'angle droit d'un triangle rectangle sur l'hypoténuse détermine deux segments, l'un de 12 mètres, l'autre de 9 mètres. On demande : 1° l'hypoténuse, 2° la perpendiculaire, 3° les côtés de l'angle droit, 4° la surface du triangle.* (Voy. Pl. XXXIX, fig. 1.)

1° L'hypoténuse $= 12 + 9 = 21$ mètres ;

2° Si l'on désigne la perpendiculaire par h, on a :

$$h^2 = 12 \times 9 = 108\,;\ h = \sqrt{108} = 10,40\,;$$

3° Si l'on désigne le côté *adjacent* au segment de 12 mètres par a et l'autre, adjacent au segment de 9 mètres, par b, on a :

$$a^2 = 21 \times 12 = 252 ; \; a = \sqrt{252} = 15,87 ;$$
$$b^2 = 21 \times 9 = 189 ; \; b = \sqrt{189} = 13,74 ;$$

4° La surface est égale à la moitié du produit des deux côtés de l'angle droit ou à la moitié du produit de l'hypoténuse par la perpendiculaire.

$$S = \frac{21 \times 10,40}{2} = 109^{mq},20 ;$$
$$S = \frac{15,87 \times 13,74}{2} = 109,03.$$

Problème III. — *Quelle est la surface de l'hexagone régulier inscrit dans un cercle de 5m,64 de rayon ?*

On sait que le côté de l'hexagone régulier inscrit est égal au rayon du cercle ; par conséquent le périmètre est égal à $5^m,64 \times 6 = 33^m,84$.

Pour calculer l'apothème, considérons le triangle rectangle qu'il forme sur un côté : l'hypoténuse est égale à $5^m,64$; un côté est égal à $\frac{5,64}{2} = 2,82$, et, pour trouver l'autre côté, c'est-à-dire l'apothème, il suffit de faire les carrés des deux nombres précédents, de retrancher le second du premier et d'extraire la racine carrée de la différence.

$$5,64^2 = 31,8096 ; \; 2,82^2 = 7,9524 ;$$
$$31,8096 - 7,9524 = 23,8572 ; \; \sqrt{23,8572} = 4,88.$$
$$S = \frac{p\,a}{2} = \frac{33,84 \times 4,88}{2} = 82^{mq},5606.$$

DESSIN

APPLICATIONS

Le titre principal sera le mot Architecture, dont la longueur est ainsi composée : 11 lettres de 4^{mm} ou 44^{mm} ; 11 intervalles de 2^{mm} ou 22^{mm} ; total, 66^{mm}. Il faut donc compter 33^{mm} de chaque côté de la directrice verticale.

On devra mettre, à l'intérieur du cadre, les titres qui y sont indiqués en petit caractère romain de 2^{mm} de hauteur.

Chacun des exercices de cette planche peut fournir une planche particulière en doublant les dimensions.

Fig. 1. — *Porte en plate-bande.* — On donne le nom de *porte* à l'ouverture pratiquée dans un mur pour servir de passage, ainsi qu'à l'ensemble des pièces de bois ou de métal qui servent à fermer cette ouverture.

Il s'agit ici d'une ouverture pratiquée dans un mur en pierre de taille et fermée par une grande porte en bois à 2 *vantaux*. Le dessus de la porte est une *plate-bande*, c'est-à-dire une poutre ordinaire en bois ou en fer ou bien une série de *claveaux* formant une surface horizontale.

Remarquer l'alternance des *joints* verticaux des différentes *assises* de pierres.

Les cotes expriment des millimètres.

Fig. 2. — *Porte en plein cintre.* — Cette porte est formée d'une partie rectangulaire et d'une voûte cylindrique formant le *cintre*. Les différentes pierres qui forment la voûte s'appellent *voussoirs* ou *claveaux*, et la surface intérieure s'appelle *intrados*.

Une flèche indique la direction de la lumière pour les quatre figures et, par suite, la position des traits de force.

Remarquer que les joints verticaux et les assises de pierres ne sont indiqués que sur la hauteur des *pieds-droits* de la porte.

Fig. 3. — *Porte en ogive.* — La voûte est ogivale au lieu d'être cylindrique. Les centres des ogives sont sur l'horizontale passant par la *naissance* de la voûte, en des points déterminés par la construction ordinaire. (Voy. pl. XIX.)

Fig. 4. — *Porte en anse de panier.* — La courbe d'entrée de la voûte est une anse de panier, décrite par le procédé ordinaire. (Voy. pl. XIX.)

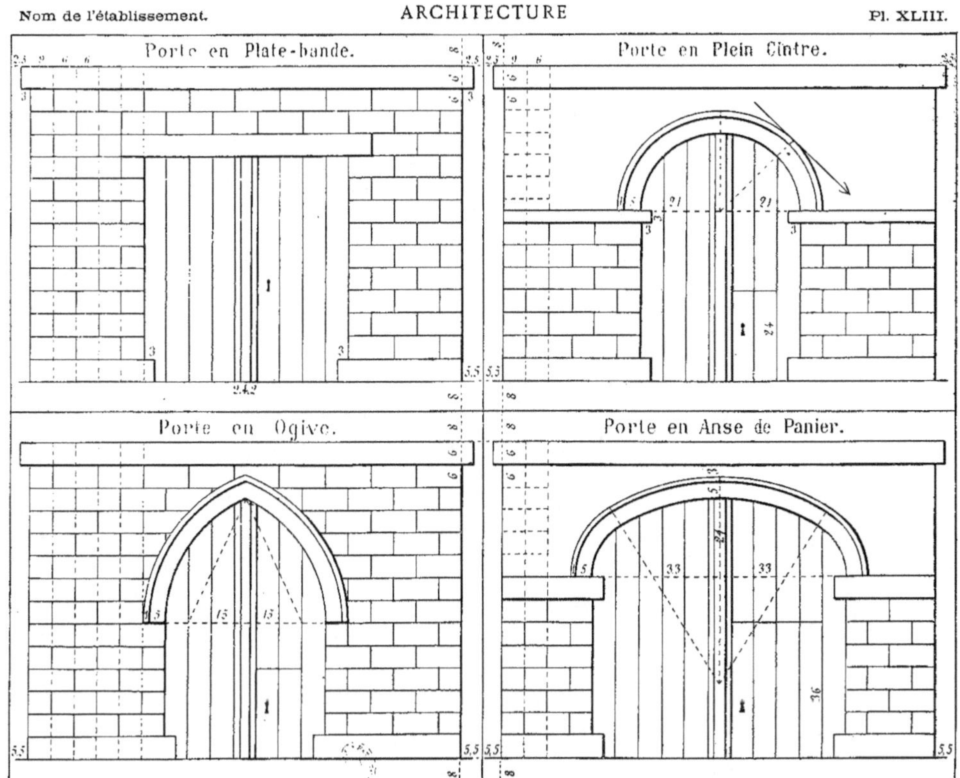
Porte en Plate-bande.
Porte en Plein Cintre.
Porte en Ogive.
Porte en Anse de Panier.

PLANCHE XLIV

COURS COMPLÉMENTAIRE

GÉOMÉTRIE

Toisé d'une croisée et d'une porte. — Ce toisé peut avoir pour but de calculer le prix de la peinture ou de la menuiserie.

Peinture de la croisée. — Voici le compte de la peinture de la croisée à imposte représentée dans la planche XLIV, tel qu'il serait fait à Paris :

1° Surface totale $= 1,95 \times 1,20 = 2^{mq},34$.

2° Surface des huit verres en déduisant 5 centimètres sur la longueur et sur la largeur $= 0,37 \times 0,33 \times 8 = 0^{mq},976$.

Reste $= 2,34 - 0,976 = 1^{mq},364$.

3° *Plus-value* pour le développement des moulures :

En hauteur $0,05 \times 1,95 = 0,097$.

En largeur $0,05 \times 1,20 = 0,060$.

4° Épaisseurs sur la hauteur $= 0,06 \times 1,95 = 0,117$.

Épaisseurs sur la largeur $= 0,06 \times 1,20 = 0,072$.

Surface totale à payer $= 1,364 + 0,097 + 0,060 + 0,117 + 0,72 = 1^{mq},71$.

Prix pour une couche : $0^{f},35$ par mètre carré.

— deux — $0^{f},72$ —

— trois — $1^{f},09$ —

Dépense pour un côté de la croisée, avec trois couches :

$$1^{f},09 \times 1,71 = 1^{f},86.$$

La dépense pour les deux côtés serait égale à

$$1^{f},86 \times 2 = 3^{f},72.$$

Peinture de la porte. — Voici maintenant le compte de la peinture de la porte à panneaux représentée également dans la planche XLIV :

Surface $= 2^{m},59 \times 1,42 = 3^{mq},68$.

Lorsqu'il y a beaucoup de moulures, comme dans le cas présent, l'usage permet d'augmenter de 1/10 la surface :

Plus-value de $1/10 = 0^{mq},37$.

Surface à payer $= 3,68 + 0,37 = 4^{mq},05$.

Dépense pour 3 couches et pour les deux côtés, au prix courant ($1^{f},09$ le mètre carré) :

$$1^{f},09 \times 4,05 \times 2 = 8^{f},82.$$

Menuiserie de la croisée. — La hauteur de la croisée est de $1^{m},95$. Il y a une *plus-value* de 0,30 à cause de l'imposte, et une autre de 0,14 à cause des deux rangées de petits bois.

Longueur totale $= 1,95 + 0,30 + 0,14 = 2^{m},39$.

Surface $= 2,39 \times 1,20 = 2^{mq},868$.

Le prix courant, en supposant le cadre fixe en chêne de 0,054 d'épaisseur et le cadre mobile de 0,034, est de $13^{f},50$ par mètre carré.

Prix $= 13,50 \times 2,868 = 38^{f},70$.

Menuiserie de la porte. — Pour la porte, on calcule les prix du chambranle et de la corniche au mètre courant, et celui des panneaux au mètre carré, d'après les tarifs réglementaires, qui dépendent de l'épaisseur et de la nature du bois employé.

Problème I. — *On veut construire un bassin circulaire ayant exactement 100 mètres carrés de surface. Quel sera le rayon?*

On prend la formule donnant la surface du cercle

$$S = \pi \times r^2,$$

d'où l'on tire successivement :

$$r^2 = \frac{S}{\pi} = \frac{100}{3,1416} = 31,8309\,;$$

$$r = \sqrt{31,8309} = 5^{m},64.$$

Remarque. — Dans un problème précédent (voy. Pl. XLIII), on a trouvé que la surface d'un hexagone régulier de $5^{m},64$ de côté était $82^{mq},5696$; donc la différence, $100 - 82,5696 = 17^{mq},4304$, représente la surface de 6 segments de cercle compris entre la circonférence et l'hexagone inscrit.

Problème II. — *On a construit une rosace ordinaire à 6 feuilles* (Pl. XIV, fig. 11) *dans un cercle de 20 centimètres de rayon, et l'on demande la surface de cette rosace.*

Si l'on trace un rayon dans le milieu d'une feuille de la rosace, on la décompose en deux segments qui sont égaux à ceux que l'on obtiendrait entre le cercle et l'hexagone régulier inscrit, puisque les arcs sont décrits avec le même rayon et qu'ils ont des cordes égales ; donc les six feuilles de la rosace valent 12 segments, c'est-à-dire *le double de la surface comprise entre le cercle et l'hexagone inscrit.* Cherchons la surface du cercle et celle de l'hexagone.

Cercle $= 3{,}1416 \times 20^2 = 1256^{cmq},64$.

Apothème de l'hexagone $= \sqrt{20^2 - 10^2} = \sqrt{300} = 17^{cm}$.

Périmètre $= 20 \times 6 = 120$.

Hexagone $= \dfrac{120 \times 17}{2} = 1020^{cmq}$.

Rosace $= 2$ fois $(1256{,}64 - 1020) = 473^{cmq},28$.

PROBLÈME III. — *Quelle est la surface du carré inscrit dans un cercle de $0^m,25$ de rayon et celle du carré circonscrit au même cercle ?*

1° Le côté du carré inscrit est l'hypoténuse d'un triangle rectangle isocèle dont les côtés ont $0^m,25$ de longueur ; donc le carré de ce côté, c'est-à-dire la surface du carré lui-même, est égal à la somme des carrés des côtés de l'angle droit :

$$c^2 = S = 0{,}25^2 + 0{,}25^2 = 0^{mq},1250.$$

2° Le côté du carré circonscrit est double du rayon, c'est-à-dire égal à $0^m,50$; donc la surface de ce carré est

$$0{,}5 \times 0{,}5 = 0^{mq},2500.$$

REMARQUE. — Si l'on exprime les surfaces des carrés inscrit et circonscrit et celle du cercle au moyen du rayon, on a :

Carré circonscrit $= (2r)^2 = 4r^2$;

Cercle $= \pi r^2$;

Carré inscrit $= 2r^2$.

PROBLÈME IV. — *Quelle est la surface d'une bordure de gazon comprise entre deux cercles concentriques dont les rayons ont 5^m et $4^m,6$?*

Cette surface est une *couronne.* Si l'on désigne le rayon du grand cercle par R, celui du petit par r, on a :

Couronne $= \pi R^2 - \pi r^2 = \pi (R^2 - r^2)$.

» $= 3{,}1416\ (25 - 21{,}16) = 12^{mq},06$.

DESSIN

APPLICATIONS

Le titre principal sera le mot MENUISERIE, dont la longueur est de 52^{mm}.

On devra mettre, à l'intérieur du cadre, les noms des figures en petit caractère romain de 2^{mm}, et les noms des échelles, en italique de même grandeur.

Les lignes de cotes, en pointillé ordinaire, seront terminées par des flèches appliquées exactement sur les lignes dont elles mesurent l'éloignement. Les cotes seront écrites avec un soin particulier. Il est indispensable, en effet, que les enfants prennent l'habitude de *dessiner* minutieusement ces chiffres afin que la planche n'ait pas l'aspect d'un travail négligé, et, en même temps, pour qu'il n'y ait pas d'erreur possible de lecture. Ce n'est pas sans peine que l'on obtient ce résultat, cependant si important.

1re FIG. — *Croisée à imposte.* — Les croisées sont des châssis en bois dans lesquels on place des *vitres ;* elles se composent de deux parties principales : le *bâti dormant* ou *cadre fixe*, qui est scellé dans le mur, et les *châssis ouvrants* ou *cadres mobiles*, qui tournent sur le bâti à l'aide de *charnières.* Ces châssis se composent chacun de deux pièces de bois verticales appelées *battants*, de deux *traverses* horizontales, l'une en haut, l'autre en bas, et de plusieurs petites traverses assemblées dans les battants et appelées *petits bois.*

On divise quelquefois les croisées en deux parties inégales à l'aide d'une *traverse fixe ;* on dit alors qu'elles sont *à imposte.* C'est le cas actuel.

Construire d'abord l'échelle de 8^{cm} pour un mètre ou de 8^{mm} pour un décimètre, en portant, sur une droite, un certain nombre de fois une longueur de 8^{mm} et en divisant le talon en 10 parties égales représentant chacune un centimètre ; mesurer successivement la hauteur et la largeur totales, puis les cotes de détail, en allant toujours des grandes aux petites.

Toutes les cotes expriment des centimètres.

2e FIG. — *Porte à panneaux.* — Cette porte se compose des parties suivantes : 1° la *corniche*, composée de plusieurs moulures et située à la partie supérieure ; 2° le *chambranle*, cadre avec moulures, fixé contre le mur et entourant la *baie* de la porte sur les deux côtés et en haut ; 3° le *bâti*, composé de *traverses* horizontales et de *montants* verticaux assemblés par des *tenons* et des *mortaises* ; 4° les *panneaux*, planches minces qui remplissent les parties évidées du bâti ; 5° les *socles*, pièces inférieures servant d'appui au chambranle.

Suivre l'ordre indiqué pour la croisée.

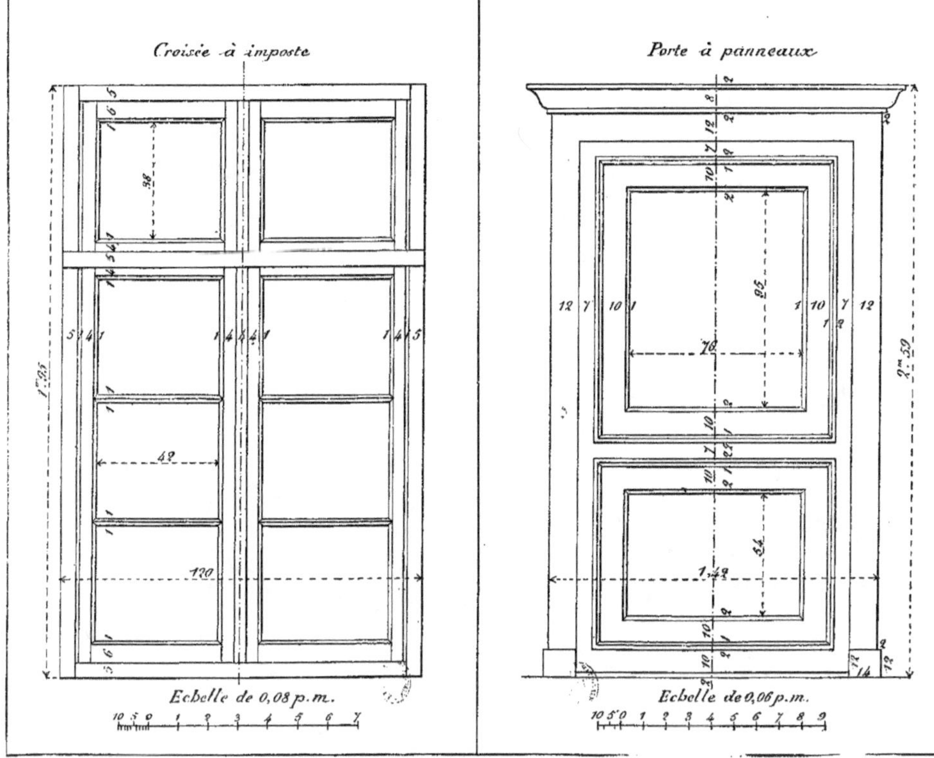
Croisée à imposte
Echelle de 0,08 p.m.
Porte à panneaux
Echelle de 0,06 p.m.

PLANCHE XLV

COURS COMPLÉMENTAIRE

GÉOMÉTRIE

Ellipse et triangle. — Nous allons encore donner deux règles pratiques de géométrie plane qu'il est utile de connaître, mais que nous ne pouvons pas démontrer ici, l'une relative à la surface de l'ellipse au moyen des axes, l'autre qui permet de calculer la surface d'un triangle connaissant les trois côtés.

1re Règle. — *La surface de l'ellipse s'obtient en faisant le produit des deux demi-axes et en multipliant ensuite par le nombre* 3,1416.

Si l'on désigne la surface d'une ellipse par S, le grand axe par 2 a et le petit axe par 2 b, on a la formule :

$$S = \pi \times a \times b.$$

Soit proposé de calculer la surface d'une pelouse de forme elliptique ayant 26m,50 de grand axe sur 18m,40 de petit axe.

$$S = \frac{26,5}{2} \times \frac{18,4}{2} \times 3,1416 = 391^{mq},28.$$

2e Règle. — *Pour calculer la surface d'un triangle connaissant les trois côtés, on additionne ces côtés ; on prend la moitié de la somme ; on retranche successivement chaque côté de cette moitié ; on multiplie les trois restes entre eux, et le produit obtenu par cette même moitié ; enfin, on extrait la racine carrée du dernier produit.*

Si l'on désigne la surface d'un triangle par S, les côtés par a, b, c, le périmètre par 2 p, et, par suite, le demi-périmètre par p, on a la formule :

$$S = \sqrt{p\,(p-a)\,(p-b)\,(p-c)}.$$

Soit proposé de calculer la surface d'un triangle dont les trois côtés ont 36mm, 28mm et 24mm.

$$\text{Périmètre } 2\,p = 36 + 28 + 24 = 88.$$

$$1/2 \text{ périmètre } p = \frac{88}{2} = 44.$$

$$p - a = 44 - 36 = 8.$$
$$p - b = 44 - 28 = 16.$$
$$p - c = 44 - 24 = 20.$$

Si l'on porte toutes ces valeurs dans la formule, on obtient :

$$S = \sqrt{44 \times 8 \times 16 \times 20} = \sqrt{112640}.$$
$$S = 335^{mq},60.$$

DESSIN

APPLICATIONS

Cette planche pourra servir de modèle pour 2 planches ayant pour titre principal, la première, Architecture, la seconde, Mécanique. Dans le premier cas, on remplacera l'échelle de 0,01 pour mètre par celle de 0,015, et, dans le second cas, celle de 0,25 pour mètre, par celle de 0,30.

Un certain nombre de cotes ont été omises avec intention dans cette planche, qui aurait été trop chargée de chiffres ; mais toutes les plus importantes sont inscrites et il est très facile d'obtenir les autres au moyen des échelles.

Pour la position du trait de force et du trait fin, nous avons supposé la lumière à 45° en plan et en élévation, et nous avons adopté les conventions suivantes :

1° On place un trait de force sur *toute arête vive saillante* qui sépare 2 faces dont l'une est éclairée et l'autre ombrée, et sur *toute arête vive saillante* qui sépare 2 faces ombrées formant un angle convexe.

2° On place le trait fin sur *toute arête* qui sépare 2 faces éclairées ou 2 faces ombrées formant un angle concave.

3° On emploie également le trait fin pour le contour apparent des corps ronds (surfaces cylindriques et surfaces coniques).

Architecture. — *Coupe horizontale et coupe verticale d'une maison.*

Une maison d'habitation renferme ordinairement les parties suivantes : le *sous-sol* contenant les caves, le *rez-de-chaussée*, qui est au niveau du sol, les divers *étages* et les *combles*.

Dans le cas présent, il s'agit de représenter en coupe horizontale et en coupe verticale, une petite maison ordinaire, composée simplement d'un rez-de-chaussée et des combles.

La coupe horizontale est supposée faite par un plan horizontal dirigé suivant la ligne CD, et la coupe verticale, par un plan vertical dirigé suivant la ligne AB. Les *gros murs* extérieurs, les *murs de refend* intérieurs et les *fondations* sont marqués par des hachures, que l'on pourrait remplacer par une teinte noire ou une teinte rose. Les traits de force sont déterminés par la direction de la lumière, indiquée par une flèche sur le plan horizontal et sur le plan vertical.

Les pièces de bois sont cotées au moyen d'une fraction ordinaire donnant leur *équarrissage*, c'est-à-dire que le numérateur indique la largeur, et le dénominateur, l'épaisseur.

La coupe horizontale se compose des parties suivantes : une porte d'entrée, en avant, ouvrant sur une antichambre ; à gauche, une cuisine avec une fenêtre, un fourneau et une pierre à évier ; à droite, une salle à manger ; en arrière, un salon avec une cheminée et 2 fenêtres, une chambre à coucher et des cabinets d'aisance.

La coupe verticale se compose des parties suivantes : les murs de fondations et le sol ; les deux gros murs de droite et de gauche et un mur de refend ; une poutre horizontale inférieure supportant le plancher ; une autre poutre horizontale supérieure, appelée *tirant*, au-dessous de laquelle est appliqué le plafond ; une pièce de bois verticale, appelée *poinçon* supportant 2 grosses pièces inclinées, appelées *arbalétriers ;* 2 *jambes de force* réunissant le poinçon aux arbalétriers; 5 *poutres* placées suivant la longueur du toit et dont on voit seulement les extrémités ; enfin, 2 pièces de bois de faible épaisseur, placées sur les poutres et appelées *chevrons*.

Fig. 2. — *Palier.* — Un *palier* est un mécanisme fixe qui est traversé, à frottement doux, par un *arbre* cylindrique pouvant être animé d'un mouvement de rotation.

Dans le cas présent, le palier est disposé pour un arbre horizontal. Il est composé des parties suivantes, qui se trouvent réunies dans l'élévation :

Le *corps* du palier reposant par une semelle sur un *support* ou *chaise* appliqué lui-même contre un mur ; le *chapeau* du palier, surmonté d'un *godet de graissage* ; les *coussinets*, qui sont resserrés entre le corps et le chapeau au moyen de 2 *boulons* et de 2 *écrous*.

Le chapeau, le corps et le support du palier sont en fonte ; les coussinets sont en bronze ; les boulons et les écrous, en fer forgé.

Les coussinets peuvent être facilement remplacés quand ils sont usés par le frottement intérieur de l'arbre.

Les quatre figures se complètent mutuellement, au double point de vue des cotes et du dessin. Avec un peu d'attention, il est facile de se rendre compte de la forme exacte et des dimensions de toutes les parties du palier.

La disposition des traits de force indique suffisamment qu'il n'y a qu'une seule figure en projection horizontale, *la coupe horizontale suivant CD*, et que les trois autres sont en élévation.

Toutes les cotes sont données en millimètres.

1° *Élévation.* — Le 1er cercle en trait continu et le 2e en points ronds, à partir du centre, appartiennent aux coussinets ; le contour suivant, en points ronds, appartient en même temps aux coussinets et au palier : le 3e cercle appartient aux coussinets, et le plus grand, au palier.

Le support renferme une partie évidée ayant la forme d'une équerre aux angles arrondis.

2° *Coupe AB.* — Le palier est supposé coupé par un plan vertical de profil dirigé suivant AB ; on enlève la partie coupée, située à droite de AB, et l'on représente le reste en indiquant la coupe de la fonte par des hachures ordinaires et la coupe du bronze par des hachures alternant avec des lignes en points ronds.

On voit sur la surface intérieure du 1er coussinet 2 rigoles communiquant avec le godet de graissage pour lubrifier l'arbre.

On voit également 4 trous circulaires pour introduire des boulons et fixer la plaque du support en fonte contre un mur.

3° *Coupe CD.* — Cette coupe est obtenue dans le palier et les coussinets par un plan horizontal passant par l'axe de l'arbre.

Entre les coussinets et le corps du palier se trouve une partie évidée qui a pour but de faciliter la superposition de ces organes en diminuant l'étendue des surfaces en contact.

4° *Coupe EF.* — Cette coupe est obtenue dans les coussinets par un plan vertical passant par l'axe des deux boulons.

Tous les raccordements devront être faits avec beaucoup de soin, en se reportant aux remarques et aux principes donnés dans la planche XL.

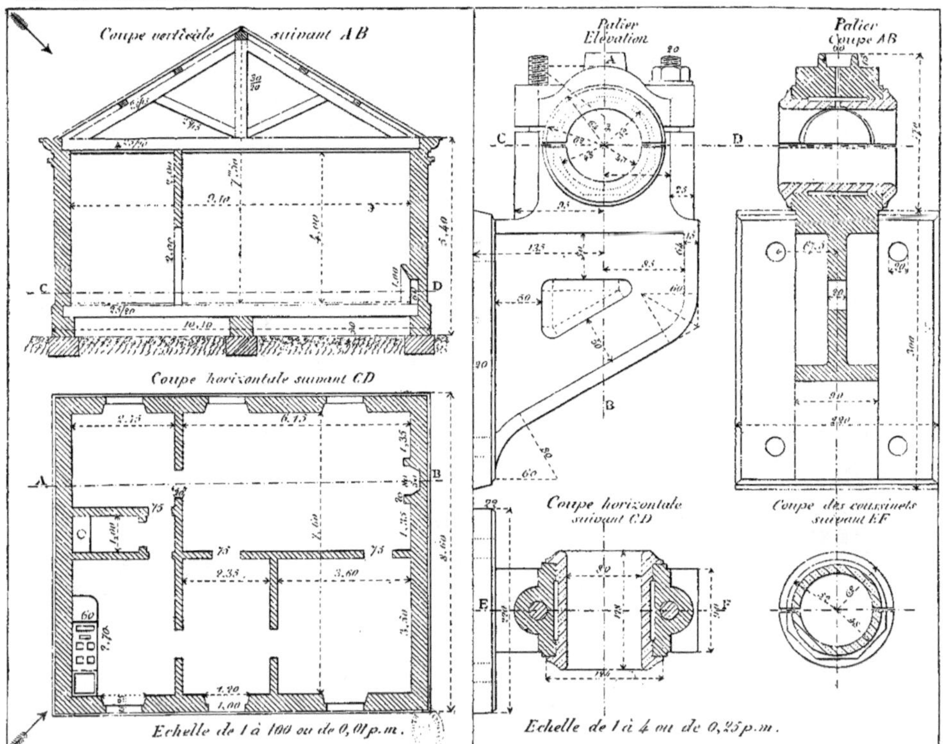
Coupe verticale suivant AB
Coupe horizontale suivant CD
Echelle de 1 à 100 ou de 0,01 p.m.
Palier Elévation
Palier Coupe AB
Coupe horizontale suivant CD
Coupe des coussinets suivant EF
Echelle de 1 à 4 ou de 0,25 p.m.

PLANCHE XLVI

COURS COMPLÉMENTAIRE

GÉOMÉTRIE

Cube et racine cubique. — Si l'on multiplie un nombre par lui-même et le produit obtenu par ce nombre, on forme un *cube*. Voici les douze premiers nombres avec leurs cubes.

1,	2,	3,	4,	5,	6,	7,	8,	9,	10,	11,	12.
1,	8,	27,	64,	125,	216,	343,	512,	729,	1000,	1331,	1728.

Si l'on extrait la *racine cubique* des nombres de la deuxième ligne, on obtient ceux de la première.

Le cube d'un nombre s'indique par un petit chiffre 3 placé en haut et à droite du nombre et appelé *exposant*.

La racine cubique d'un nombre s'indique avec le signe appelé radical, dans lequel on met un petit chiffre 3, appelé *indice de la racine*.

$$5^3 = 5 \times 5 \times 5 = 125.$$
$$\sqrt[3]{125} = 5.$$

Pour extraire la racine cubique d'un nombre entier, on le sépare en tranches de trois chiffres à partir de la droite, la dernière tranche à gauche pouvant avoir un, deux ou trois chiffres; on fait un trait vertical et un trait horizontal comme pour la division ; on extrait la racine cubique de la première tranche à gauche et l'on écrit le chiffre trouvé à la place du diviseur ; on retranche le cube de ce chiffre de la première tranche à gauche ; à côté du reste, on abaisse la tranche suivante et l'on sépare deux chiffres à droite par un point ; on fait le triple carré de la racine et l'on écrit ce triple carré à la place du quotient ; on divise la partie à gauche du point par le triple carré de la racine, ce qui donne le deuxième chiffre ; on fait le cube de la racine et l'on retranche des deux premières tranches à gauche du nombre, sans s'occuper du reste précédent ; à côté du nouveau reste, on abaisse la troisième tranche dont on sépare deux chiffres à droite par un point ; on fait le triple carré de la racine et l'on divise la partie à gauche du point par ce triple carré, ce qui donne le troisième chiffre ; on fait le cube de la racine et l'on retranche des trois premières tranches à gauche du nombre donné, sans s'occuper du reste précédent ; on continue jusqu'à ce que toutes les tranches soient abaissées.

Si l'on veut des chiffres décimaux, *il faut autant de tranches de trois chiffres décimaux dans le nombre donné que de chiffres à la racine.*

Pour les fractions ordinaires, *le procédé le plus simple consiste à les convertir d'abord en fractions décimales.*

Soit proposé d'extraire la racine cubique du nombre 564,75 à un centième près.

On ajoute 4 zéros à la droite du nombre et l'on dispose l'opération comme il suit :

564,750.000	8,25	
512	$8^2 = 64$	$82^2 = 6724$
527.50	3	3
551 368	192	20172
133820.00	$82^3 = 551.368$	
561515625	$825^3 = 561.515.625$	
3234375		

La racine est 8,25 ; il reste 3,234375.

Nota. — Avec de jeunes élèves, nous préférons former les cubes successifs des nombres mis à la racine plutôt que de suivre la méthode ordinaire, qui est un peu moins longue, mais plus difficile à retenir.

Problème I. — *On veut construire une citerne de forme cubique pouvant contenir 150 hectolitres d'eau. Quelle doit être, à un centimètre près, la longueur d'une arête du cube ?*

On sait que le décimètre cube correspond au litre (Voy. Pl. XXVI) et le mètre cube au kilolitre ; donc 150 hectolitres font 15 kilolitres ou 15 mètres cubes, ou 15.000 décimètres cubes, ou 15.000.000 centimètres cubes.

Pour avoir la longueur demandée, à un centimètre près, il faut extraire la racine cubique de 15.000.000 :

15 . 000	. 000	246	
8		$2^2 = 4$	$24^2 = 576$
7 0.00		3	3
13 824		12	1728
1 176	00.0	$24^3 = 13824$	
14 . 886	936	$246^3 = 14.886.936$	
0 , 113	064	$247^3 = 15.069.223$	

La longueur demandée est 2^m,46, ou 2^m,47 par excès.

Problème II. — *Quelle est la profondeur et le diamètre du litre en étain employé pour mesurer les liquides ?*

On sait que, dans les mesures en étain, la profondeur est double du diamètre. Si l'on désigne le rayon par x, le diamètre sera $2x$, la profondeur $4x$, et le volume intérieur du cylindre sera exprimé par l'égalité suivante (Voy. Pl. XXXII) :

$$\pi x^2 \times 4x = 1^{dmc}.$$

ou

$$4\pi x^3 = 1^{dmc}.$$

$$x^3 = \frac{1}{4 \times 3,1416} = 0,079577$$

$$x = \sqrt[3]{0,079577} = 0^{dm},43.$$

Le diamètre du litre en étain est égal à $0^m,043 \times 2 = 0^m,086$, et la profondeur à $0^m,043 \times 4 = 0^m,172$.

DESSIN

LAVIS

Le titre principal sera Bordures grecques, dont la longueur est ainsi composée : 46^{mm} pour chaque mot et 6^{mm} pour l'intervalle ; total, 98^{mm}.

Chaque exemple de bordure peut former un contour rectangulaire complet, ce qui donnerait 2 planches distinctes. Si l'on réunit les deux bordures sur la même planche, on doit opérer dans l'ordre suivant :

Mesurer, à l'intérieur du cadre, 20^{mm} en haut et en bas, puis 10^{mm} à gauche et à droite ; tracer un cadre qui enveloppe les grecques ; construire, au crayon, 2 séries de petits carrés de 4^{mm} de côté formant équerre ; passer à l'encre en trait fin ; nettoyer la planche en frottant légèrement avec une gomme élastique ordinaire ; passer une première teinte grise assez faible sur tous les filets qui doivent être noirs ; enfin, passer une teinte noire très foncée sur ces mêmes filets.

Nota. — Nous pensons qu'il ne faut pas abuser du lavis avec les enfants, car ils préfèrent généralement le lavis au trait, et ils seraient tentés de négliger la construction proprement dite, qui forme cependant la base essentielle du dessin géométrique.

Quelques exercices de lavis suffiront; nous y avons consacré 5 planches, dont une avec une teinte noire, trois avec une teinte noire et une teinte grise, et la dernière, avec la plupart des teintes conventionnelles employées dans le dessin géométrique.

On pourra, au besoin, reprendre quelques-uns des exercices de la première partie, indiqués par des hachures, en augmenter convenablement les dimensions et y appliquer des teintes noire et grise. (Voy. Pl. III, V, VI, X, XII, XIV et XV.)

Observations générales pour le lavis. — 1° Employer un pinceau de grosseur convenable, formant bien la pointe ; délayer une grande quantité de teinte grise (plein un godet) pendant plusieurs minutes ; remplir le pinceau de teinte et laver hardiment de haut en bas, en inclinant légèrement le dessin, en tenant le pinceau comme un porte-plume et en suivant le mieux possible les contours ; renforcer la teinte de manière à la rendre très noire, et appliquer une deuxième couche.

Nous recommandons la superposition de deux teintes, une grise et une noire, plutôt que le lavis direct en une seule teinte noire. La teinte grise, qui est facile à appliquer, prépare le papier à recevoir la teinte noire.

Pour bien voir les taches qui peuvent exister dans la teinte noire, il suffit de la regarder vis-à-vis une fenêtre.

2° Éviter de gratter les *bavochures* avec un canif, ce qui aggrave le mal au lieu de le réparer ; mais appliquer une bande de papier suivant la ligne qui devrait limiter le lavis et frotter avec une petite éponge imbibée d'eau.

3° Quand un lavis à l'encre de Chine est tout à fait mal réussi, on peut, si la feuille de papier est de bonne qualité et si elle est bien collée sur une planchette, faire un lessivage complet avec une éponge, puis recommencer le lavis.

On ne doit jamais éponger une feuille qui n'est pas bien collée sur tous ses contours, ni décoller une feuille qui n'est pas bien sèche.

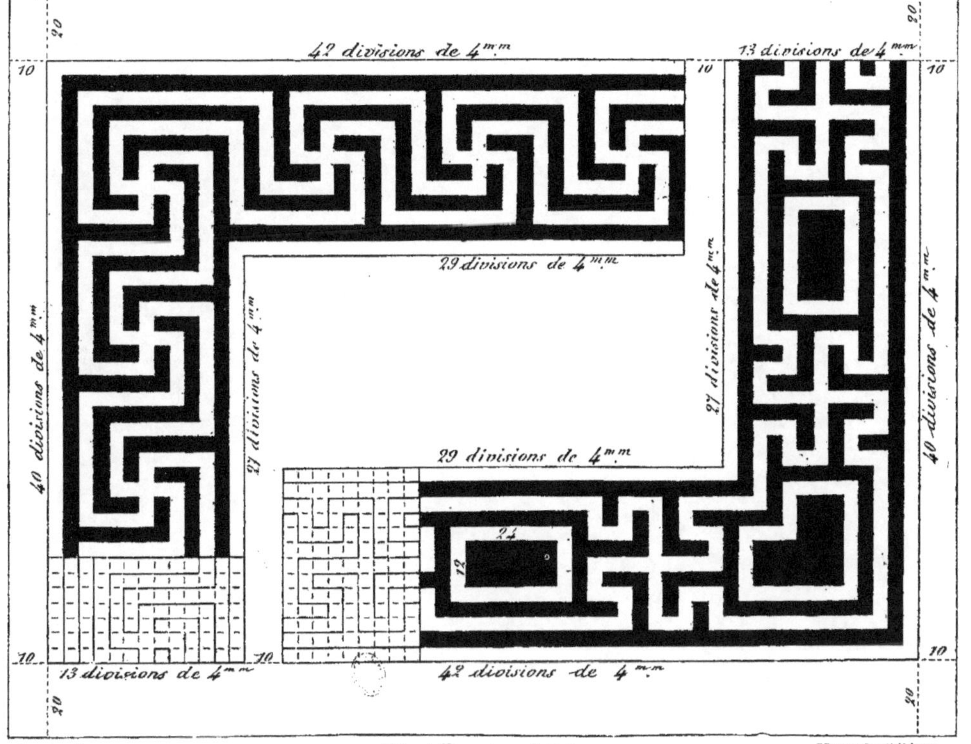
42 divisions de 4mm
13 divisions de 4mm
10
10
10
20
20
29 divisions de 4mm
27 divisions de 4mm
27 divisions de 4mm
40 divisions de 4mm
40 divisions de 4mm
29 divisions de 4mm
24
12
13 divisions de 4mm
42 divisions de 4mm
10
10
10
20
20

Nom de l'établissement. VITRAUX. Pl. XLVII.

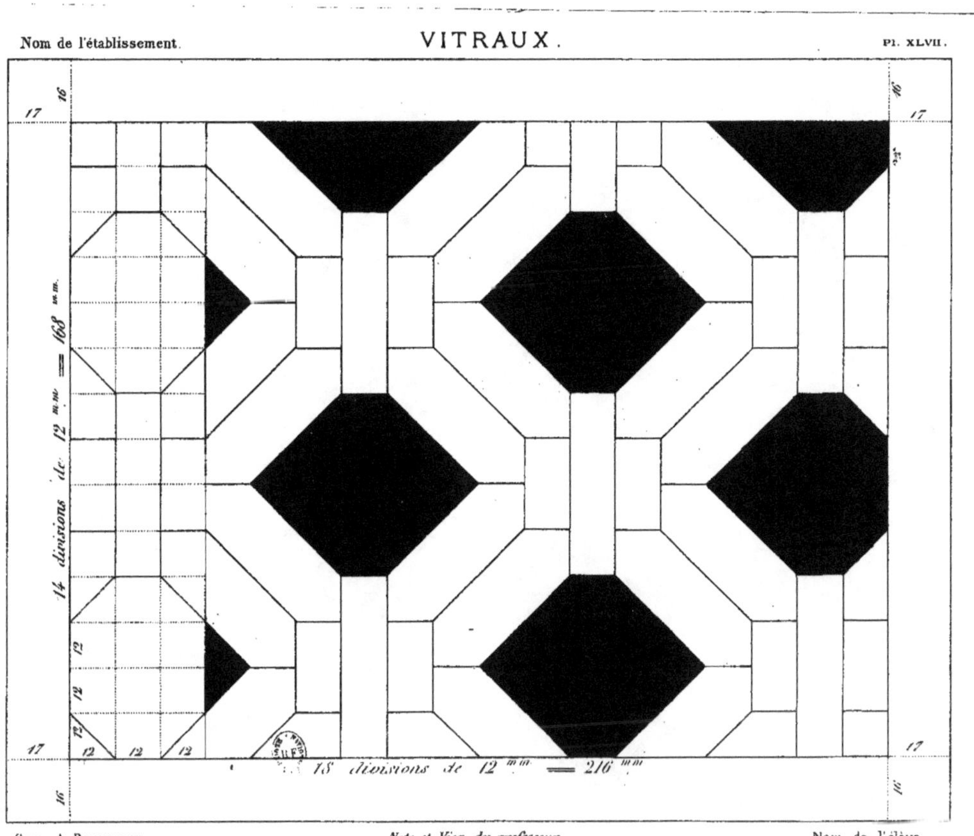

Cours A. Bouguehet *Note et Visa du professeur.* Nom de l'élève.

PLANCHE XLVII

COURS COMPLÉMENTAIRE

GÉOMÉTRIE

Tronc de prisme triangulaire. — Nous avons dit (Pl. XXX) que la section d'un prisme par un plan *non parallèle* aux bases donnait un tronc de prisme.

Étudions, en particulier, le tronc de prisme triangulaire.

Le volume d'un tronc de prisme triangulaire droit s'obtient en multipliant la surface de la base par le tiers de la somme des trois arêtes.

En désignant le volume d'un tronc de prisme triangulaire droit par V, la surface de la base par S et les trois arêtes par a, b et c, on a la formule :

$$V = S\left(\frac{a+b+c}{3}\right)$$

La surface *latérale* d'un tronc de prisme triangulaire droit se compose de 3 trapèzes, faciles à mesurer. La surface *totale* se compose de la surface latérale plus le triangle de base et le triangle de la section plane.

Problème. — *Le prisme en cristal d'un laboratoire de physique a été brisé suivant une section plane oblique, de manière que les trois arêtes qui restent ont* 0,24, 0,18 *et* 0,15 *de longueur. Quel est le volume de ce tronc de prisme sachant que la base est un triangle équilatéral ayant* 0,06 *de côté ?*

Il faut d'abord calculer la surface de la base en remarquant que la hauteur du triangle équilatéral est un côté de l'angle droit d'un triangle rectangle dont l'hypoténuse égale 6^{cm} et l'autre côté 3^{cm}.

$$h = \sqrt{6^2 - 3^2} = \sqrt{27} = 5^{cm},2.$$

$$S = \frac{6 \times 5,2}{2} = 15^{cmq},6.$$

$$V = 15,6 \times \left(\frac{24+18+15}{3}\right) = 296^{cmc},4.$$

Tronc de pyramide. — Nous avons dit (Pl. XXXI) que la section d'une pyramide par un plan *parallèle* à la base donnait un tronc de pyramide.

Le volume d'un tronc de pyramide s'obtient en multipliant le tiers de la hauteur par une somme formée de la surface des deux bases et de la racine carrée du produit de ces deux bases.

$$V = \frac{h}{3}\left(B + b + \sqrt{B \times b}\right)$$

Problème. — *On veut creuser dans le sol un trou ayant la forme d'un tronc de pyramide à bases carrées ayant* 1,20 *et* 0,90 *d'arêtes et* 0,75 *de profondeur. Quel est le volume de terre obtenu en supposant que le tassement du sol ait diminué ce volume de* 1/5 *?*

$$B = 1,20 \times 1,20 = 1^{mq},44.$$

$$b = 0,9 \times 0,9 = 0^{mq},81.$$

$$\sqrt{B\,b} = \sqrt{1,44 \times 0,81} = 1^{mq},08.$$

$$V = \frac{0,75}{3} \times \left(1,44 + 0,81 + 1,08\right) = 0^{mc},8325.$$

Le volume obtenu représente 4/5 du volume de la terre non tassée ; donc ce dernier est égal à

$$\frac{0,8325 \times 5}{4} = 1^{mc},040625.$$

On peut remarquer que l'expression $\sqrt{B \times b}$ représente la moyenne proportionnelle entre les deux bases du tronc de pyramide.

La surface latérale d'un tronc de pyramide se compose de plusieurs trapèzes, faciles à mesurer. La surface totale se compose de la surface latérale et des deux bases.

Cylindre. — Nous avons vu (Pl. XXXII) que pour avoir la surface totale d'un cylindre, il faut ajouter les deux cercles de bases à la surface latérale, ce qui donne la formule suivante :

$$S_t = 2\,\pi r h + 2\pi r^2,$$

ou, en mettant $2\,\pi r$ en facteur commun,

$$S_t = 2\,\pi r\,(h + r).$$

A BOUGUERET.

Remarque. — Pour comprendre cette mise en facteur commun, il suffit de remarquer que l'on peut écrire

$$S_t = 2\pi r \times h + 2\pi r \times r,$$

expression qui indique deux multiplications à effectuer avec le même multiplicande $2\pi r$. Or, on sait que la multiplication a pour but de répéter le multiplicande autant de fois qu'il y a d'unités dans le multiplicateur. Dans le cas présent, il faut donc répéter h fois, puis r fois le multiplicande $2\pi r$ et réunir les deux produits, ce qui conduit à la formule précédente.

Cette remarque suffira pour expliquer les autres exemples de mise en facteur commun.

Problème I. — *Quelle est la surface totale, intérieure et extérieure, d'un tuyau cylindrique en fonte, ainsi que le volume des parois de ce tuyau, sachant que la longueur est* 2,25, *le diamètre extérieur* 0,60, *et le diamètre intérieur* 0,48 ?

Surface extérieure $= 2\pi R h = 3{,}1416 \times 0{,}6 \times 2{,}25$.
$= 4^{mq},2411$.

Surface intérieure $= 2\pi r h = 2{,}1416 \times 0{,}48 \times 2{,}25$.
$= 3^{mq},3929$.

Surface des deux petites couronnes $= \pi (R^2 - r^2) \times 2$
$= 0^{mq},2036$.

Surface totale $= 7^{mq},8376$.

Pour avoir le volume des parois, il suffit de chercher la différence entre le volume du cylindre de 0,60 de diamètre et celui du cylindre de 0,48.

$$\pi R^2 h = 3{,}1416 \times 0{,}3^2 \times 2{,}25 = 0^{mc},636.$$
$$\pi r^2 h = 3{,}1416 \times 0{,}24^2 \times 2{,}25 = 0^{mc},407.$$
$$V = 0{,}636 - 0{,}407 = 229 \text{ décimètres cubes.}$$

DESSIN

LAVIS

VITRAUX A L'ÉGLISE SAINT-GERVAIS, A PARIS

Le titre principal sera le mot Vitraux, dont la longueur est de 36^{mm} (6 lettres en 4^{mm} et 6 intervalles de 2^{mm}. L'I n'a pas de largeur).

Dans ce fragment de vitrail, les teintes noires représentent le *verre*, le gris et le blanc forment le *châssis*, qui est en pierre.

Ordre des opérations. — Mesurer, à l'intérieur du cadre, 16^{mm} en haut et en bas, puis 17^{mm} à gauche et à droite ; tracer un cadre intérieur ayant 216^{mm} de long sur 168 de large ; diviser la longueur en 18 et la largeur en 14 parties égales ayant chacune 12^{mm} ; former un quadrillage en pointillé, au crayon seulement ; tracer en trait plein successivement les verticales, les horizontales et les lignes à 45° ; appliquer une teinte grise assez claire, sur toutes les parties teintées, puis une teinte noire sur les vitres.

Nom de l'établissement

CARRELAGE

Pl. XLVIII.

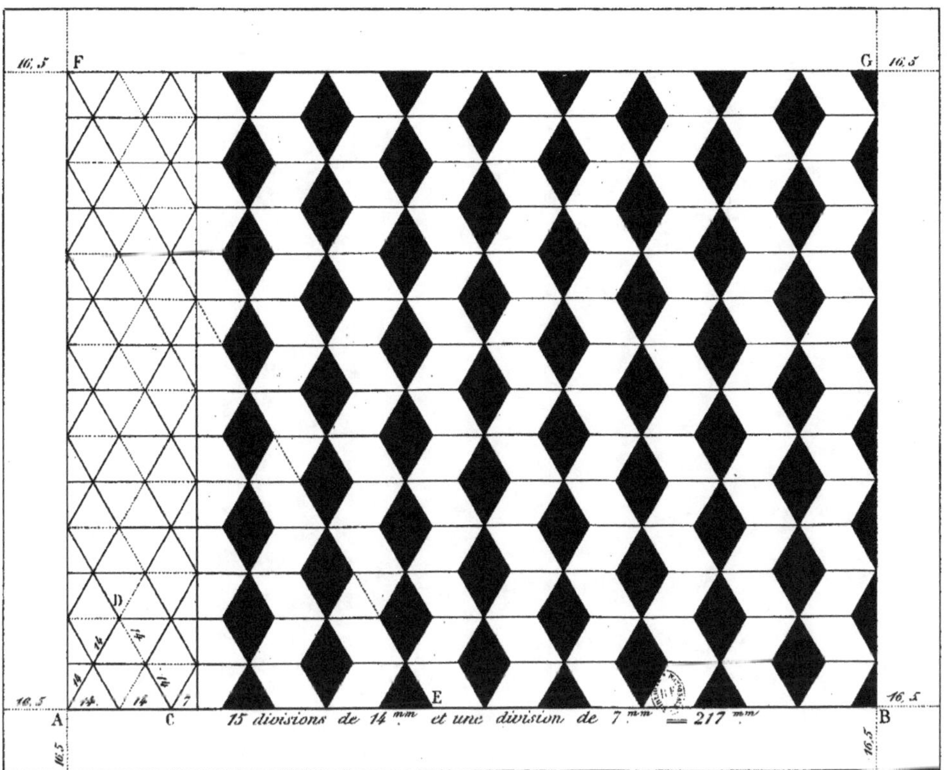

Cours A. Bouguerет.

Note et Visa du professeur

Nom de l'élève.

PLANCHE XLVIII

COURS COMPLÉMENTAIRE

GÉOMÉTRIE

TRONC DE CÔNE. — Nous avons dit (Pl. XXXIII) que la section d'un cône par un plan *parallèle* à la base donnait un tronc de cône.

1re RÈGLE. — *La surface latérale d'un tronc de cône s'obtient en multipliant la demi-somme des circonférences de bases par le côté.*

Soient R et r les rayons, a le côté, qu'il ne faut pas confondre avec la hauteur h.

$$S_l = \frac{2\pi R + 2\pi r}{2} \times a = (\pi R + \pi r)\, a.$$

En mettant π en facteur commun,

$$S_l = \pi a\,(R + r).$$
$$S_t = \pi a\,(R + r) + \pi R^2 + \pi r^2.$$

En mettant π en facteur commun,

$$S_t = \pi\,[a\,(R + r) + R^2 + r^2].$$

2e RÈGLE. — *Le volume d'un tronc de cône s'obtient en multipliant le tiers de la hauteur par une somme formée de la surface des deux bases et de la racine carrée du produit de ces deux bases.*

$$V = \frac{h}{3}\left(\pi R^2 + \pi r^2 + \sqrt{\pi R^2 \times \pi r^2}\right)$$

ou, en mettant π en facteur commun et extrayant la racine carrée indiquée.

$$V = \frac{\pi h}{3}\left(R^2 + r^2 + Rr\right).$$

REMARQUE. — Pour comprendre cette transformation, il suffit d'effectuer la multiplication indiquée sous le radical, ce qui donne $\pi^2 R^2 r^2$, d'extraire la racine carrée, ce qui donne πRr, et de mettre π en facteur commun.

A. BOUGUERET.

PROBLÈME I. — *On demande la capacité et la surface intérieure d'un seau ayant la forme d'un tronc de cône, dont les diamètres intérieurs sont* 0,40 *et* 0,30, *et la profondeur* 0,20.

Il suffit de remplacer, dans la formule qui donne le volume, h par 0,20, R par 0,20 et r par 0,15.

$$V = \frac{3{,}1416 \times 0{,}20}{3}\left(0{,}20^2 + 0{,}15^2 + 0{,}20 \times 0{,}15\right)$$
$$= 0^{mc},01937 = 19 \text{ litres } 37.$$

Pour calculer la surface intérieure, il faut d'abord connaître le côté, c'est-à-dire la génératrice de cette surface. Or, cette ligne est l'hypoténuse d'un triangle rectangle dont les côtés de l'angle droit sont la profondeur du tronc de cône et la différence entre les rayons des bases. Donc en la désignant par a, on a :

$$a^2 = h^2 + (R - r)^2.$$
$$R = 0{,}20\ ;\ r = 0{,}15\ ;\ R - r = 0{,}05.$$
$$a^2 = 0{,}20^2 + 0{,}05^2 = 0{,}0425.$$
$$a = \sqrt{0{,}0425} = 0{,}206.$$

On a maintenant :

$$S_l = 3{,}1416 \times 0{,}206 \times (0{,}20 + 0{,}15) = 0^{mq},2265.$$

La surface totale intérieure se compose de la surface précédente et du cercle du fond.

$$S = 0^{mq},2265 + 3{,}1416 \times 0{,}15^2 = 0^{mq},2972.$$

PROBLÈME II. — *On demande la surface latérale, la surface totale et le volume d'un petit cône droit dont le diamètre de base est* 0,06 *et la hauteur* 0,04.

Il faut d'abord calculer la génératrice du cône, c'est-à-dire l'hypoténuse du triangle rectangle qui a engendré ce cône et dont les côtés de l'angle droit sont 3 et 4 centimètres.

$$a^2 = 3^2 + 4^2 = 9 + 16 = 25.$$
$$a = \sqrt{25} = 5^{cm}.$$
$$S_l = 3{,}1416 \times 3 \times 5 = 47^{cmq},124.$$
$$S_t = 47{,}124 + (3{,}1416 \times 3^2) = 75^{cmq},40.$$
$$V = \frac{3{,}1416 \times 3^2 \times 4}{3} = 3{,}1416 \times 3 \times 4 = 37^{cmc},699.$$

Problème III. — *On demande la surface extérieure et la capacité d'un globe sphérique creux, dont les parois ont* 3^{mm} *d'épaisseur, et le contour extérieur, mesuré avec un fil, 80 centimètres.*

Déterminons le rayon de la surface sphérique extérieure en divisant la circonférence par 2 fois le nombre π.

$$r = \frac{0{,}80}{2\pi} = 0{,}127.$$

$$S = 4 \times 3{,}1416 \times 0{,}127^2 = 0^{mq}{,}2027.$$

Connaissant le rayon de la surface extérieure, il suffit de le diminuer de 3^{mm} pour avoir le rayon intérieur.

$$r' = 127 - 3 = 124^{mm}.$$

$$\text{Volume intérieur} = \frac{4}{3} \times 3{,}1416 \times 0{,}124^3 = 0^{dmc}{,}644.$$

La capacité demandée est $0^{ld}{,}64$.

Problème IV. — *Quel est le rayon d'une sphère dont le volume égale* $36^{dmc}{,}250$?

La formule du volume de la sphère

$$V = \frac{4}{3}\pi \times r^3,$$

indique que le cube du rayon multiplié par $4/3\,\pi$ donne le volume ; d'où le cube du rayon est égal au volume divisé par $4/3\,\pi$.

$$r^3 = \frac{V}{4/3\,\pi}.$$

$$4/3\,\pi = 4{,}189.$$

$$r^3 = \frac{36{,}250}{4{,}189} = 8{,}653$$

$$r = \sqrt[3]{8{,}653} = 0^m{,}20$$

Problème V. — *Quel est le volume du métal d'une bombe creuse dont le diamètre extérieur est de* $0^m{,}20$ *et le diamètre intérieur* $0^m{,}18$?

Il faut calculer le volume de la sphère extérieure ainsi que celui de la sphère intérieure, et faire la différence.

$$V = \frac{4}{3}\pi R^3.$$

$$v = \frac{4}{3}\pi r^3.$$

$$V' = V - v = \frac{4}{3}\pi R^3 - \frac{4}{3}\pi r^3.$$

En mettant $4/3\,\pi$ en facteur commun,

$$V' = \frac{4}{3}\pi (R^3 - r^3).$$

Dans le cas présent,

$$V' = 4{,}189\,(0{,}10^3 - 0{,}09^3).$$

$$V' = 4{,}189 \times 0{,}000271 = 0^{mc}{,}001135.$$

Le volume demandé est égal à $1^{dmc}{,}135$.

DESSIN

LAVIS

Le titre principal est le mot Carrelage, dont la longueur est de 52^{mm}.

Dans la planche contenant des bordures grecques, on n'a employé que des horizontales et des verticales ; dans la planche des vitraux, il y avait, en outre, des lignes à 45° ; dans celle-ci, on fait principalement usage d'obliques inclinées, à 60° sur des horizontales ou à 30° sur des verticales.

Ordre des opérations. — Mesurer, à l'intérieur du cadre, à gauche, à droite et en bas, une longueur de $16^{mm}{,}5$; tracer un cadre intérieur ayant 217^{mm} de long et une largeur indéterminée jusqu'à nouvel ordre ; porter, sur la base AB, à partir du point A, 15 divisions de 14^{mm} et une division de 7^{mm} ; construire un triangle équilatéral ADC et, par tous les points de division de AB, mener des parallèles aux côtés AD et CD ; remarquer que la parallèle EF à CD, menée par le 7e point de division, détermine la largeur AF du dessin ; achever le contour AFGB du dessin ; tracer des horizontales par les sommets des petits triangles équilatéraux ; indiquer successivement les losanges qui sont en teinte noire, ceux qui sont en teinte grise et ceux qui restent en blanc.

Comme vérification du tracé des parallèles aux côtés AD et DC, on doit obtenir 7 divisions égales sur les largeurs AF et GB.

PLANCHE XLIX

COURS COMPLÉMENTAIRE

GÉOMÉTRIE

VOLUME DU TAS DE SABLE. — Le volume d'un tas de sable ou de gravier, celui d'une auge à mortier ou d'un fossé qui a ses quatre faces latérales inclinées sur le fond ou bien encore celui des *pontons* employés pour mesurer les pierres cassées pour l'entretien des routes, s'obtient à l'aide de la formule suivante, dans laquelle A et a désignent les longueurs, B et b les largeurs et h la hauteur :

$$V = \frac{h}{6}\Big[A\,(2B + b) + a\,(2b + B)\Big].$$

Si l'on veut comprendre facilement une autre formule, on découpe dans une pomme, par exemple, un solide de la forme d'un ponton, puis on sépare les parties en *talus*, c'est-à-dire inclinées, et on les place de telle sorte qu'elles forment un parallélipipède rectangle avec le corps du solide et une pyramide isolée. On arrive à la règle suivante :

Le tas de cailloux équivaut à un parallélipipède et à une pyramide de même hauteur, le parallélipipède ayant pour base le rectangle construit sur la demi-somme des longueurs et la demi-somme des largeurs, la pyramide ayant pour base le rectangle construit sur les demi-différences.

$$V = h\left(\frac{A + a}{2}\right) \times \left(\frac{B + b}{2}\right) + \frac{h}{3}\left(\frac{A - a}{2}\right) \times \left(\frac{B - b}{2}\right).$$

PROBLÈME. — *En 5 journées de 12 heures de travail, un cantonnier a cassé un tas de pierres ayant la forme d'un ponton, dont les longueurs sont* $3^{m},80$ *et* 2^{m}, *les largeurs* 3^{m} *et* $1^{m},20$, *et la hauteur* $0^{m},90$. *Combien ce cantonnier gagne-t-il par heure de travail, s'il est payé à raison de* $2^{f},50$ *le mètre cube ?*

Pour trouver le volume, remplaçons, dans la première formule, h par 0,9, A par 3,8, B par 3, b par 1,20 et a par 2, nous obtenons :

$$V = \frac{0,9}{6}\Big[3,8\,(6 + 1,2) + 2\,(2,4 + 3)\Big] = 0,15\,(27,36 + 10,8) = 5^{mc},724$$

Gain en 5 journées ou 60 heures =

$$2^{f},50 \times 5,724 = 14,31.$$

$$\text{Gain en une heure} = \frac{14,31}{60} = 0^{f},238.$$

NOTA. — Dans toutes les formules un peu compliquées qui renferment des parenthèses et des crochets, comme celle du volume du tas de sable, il faut toujours commencer par effectuer les calculs indiqués entre parenthèses, puis ceux indiqués entre crochets, et enfin ceux qui sont indiqués en dehors de ces deux signes.

JAUGEAGE DES TONNEAUX. — Si l'on coupe un tonneau par un plan passant par la *bonde*, c'est-à-dire par le plus grand diamètre, on obtient deux capacités qui ressemblent à deux troncs de cône, mais qui, en réalité, sont plus grandes, parce que les *douves*, au lieu d'être droites, sont un peu renflées.

Il résulte de là une complication assez sérieuse pour le calcul du volume, que l'on n'obtient, d'ailleurs, jamais très rigoureusement.

Dans les endroits où l'on a beaucoup de tonneaux à jauger, comme à l'octroi de Paris, on se sert de bâtons, appelés *jauges*, qui sont gradués au moyen de points métalliques et qui donnent sensiblement la capacité.

En Angleterre, on se sert d'une formule assez simple, d'après laquelle on remplace dans la formule du tronc de cône (Voy. Pl. XLVIII) le produit $R \times r$ par R^2, pour chaque moitié du tonneau.

Si l'on désigne par h' la hauteur d'un de ces troncs de cône, c'est-à-dire la moitié de la hauteur h du tonneau, on a :

$$V = 2\left[\frac{\pi h'}{3}(R^2 + r^2 + R^2)\right],$$

ou plus simplement :

$$V = \frac{\pi h}{3}\left(2R^2 + r^2\right).$$

En France, on préfère une autre méthode, qui donne un résultat un peu inférieur au précédent, mais plus exact. Cette méthode consiste à *considérer le tonneau comme un cylindre dont le rayon* R′ *de la base serait l'excès du rayon* R *à la bonde sur les 3/8 de la différence entre ce rayon* R *et le rayon* r *du fond.*

$$R' = R - 3/8\,(R - r).$$

$$V = \pi R'^2 h = \pi h\,[R - 3/8\,(R - r)]^2.$$

A. BOUGUERET.

Problème. — *Quelle est la capacité d'un tonneau dont la longueur à l'intérieur est $1^m,50$, le diamètre à la bonde $0^m,80$ et le diamètre du bout $0^m,60$.*

Prenons les deux formules précédentes et faisons $h = 1,5$, $R = 0,4$ et $r = 0,3$.

Méthode anglaise.

$$V = \frac{3.1416 \times 1,5}{3} (2 \times 0,4^2 + 0,3^2) = 644 \text{ litres.}$$

Méthode française.

$$V = 3,1416 \times 1,5 \, [0,4 - 3/8 \, (0,4 - 0,3)]^2 = 619 \text{ litres } 24.$$

Cubage des arbres. — Les troncs d'arbres destinés au commerce sont *équarris* ou en *grume*. Dans le premier cas, ils ont la forme de parallélipipèdes ou de troncs de pyramides, dont on sait calculer le volume. Dans le second cas, ils ont toute leur écorce et sont seulement débarrassés des branches ; ils ressemblent plus ou moins à des cylindres ou à des troncs de cônes, que l'on sait encore mesurer ; mais, si l'on veut déterminer approximativement le volume qui sera réellement utile après l'équarrissage, on emploie la méthode suivante :

On prend avec une ficelle la circonférence de l'arbre en son milieu ; on diminue cette circonférence d'un cinquième pour les bois durs, ou d'un sixième pour les bois tendres ; on prend le quart du reste ; on fait le carré de ce quart et l'on multiplie par la longueur de l'arbre. C'est ce qu'on appelle, dans le commerce, *cuber au cinquième* ou *au sixième déduit.*

Problème. — *On peut acheter un bois ayant la forme d'un tronc de cône, dont les circonférences de bases sont $1^m,20$ et $0^m,90$ et la longueur $6^m,40$, à raison de 40^f le stère lorsqu'il est en grume, ou à raison de 68^f lorsqu'il est équarri au cinquième déduit. Quel est le plus avantageux ?* (On ne tiendra pas compte des frais d'équarrissage, que l'on supposera couverts par la valeur du bois enlevé.)

$$\text{Rayon de la grande base} = \frac{1,20}{2 \times 3,1416} = 0,19.$$

$$\text{— petite} = \frac{0,90}{2 \times 3,1416} = 0,14.$$

Prenons la formule relative au tronc du cône ; nous obtenons :

$$V = \frac{6.4 \times 3.1416}{3}\left(0,19^2 + 0,14^2 + 0,19 \times 0,14\right) = 0^{mc},55158.$$

Prix du bois en grume =

$$40^f \times 0,55 = 22^f.$$

Circonférence moyenne du tronc de cône =

$$\frac{1,2 + 0,9}{2} = 1,05.$$

Déduction du cinquième =

$$1,05 - 0,21 - 0,84.$$

Le volume du bois équarri, d'après la règle citée plus haut, est égal à

$$\left(\frac{0,84}{4}\right)^2 \times 6,4 = 0^{mc},28224.$$

Prix du bois équarri =

$$68^f \times 0,28 = 19^f,15.$$

L'avantage en faveur du bois équarri est de

$$22^f - 19,15 = 2^f,85.$$

DESSIN

LAVIS

Le titre principal est le mot Marqueterie, dont la longueur est de 62^{mm}.

Ordre des opérations. — Tracer, en pointillé, une série de cercles concentriques, dont les rayons sont $R_1 = 95$, $R_2 = 90$, $R_3 = 87$, $R_4 = 80$, $R_5 = 67$ et $R_6 = 59$ millimètres ; tracer, en trait plein, une autre série de cercles concentriques, dont les rayons sont $r_1 = 37$, $r_2 = 31$, $r_3 = 28$, $r_4 = 21$ et $r_5 = 14$ millimètres ; diviser les quatre plus grands cercles en 8 parties égales, et tracer 4 octogones réguliers ; diviser chaque côté de l'octogone R_4 en 4 parties égales, et joindre les points de division au centre en arrêtant les rayons au cercle r_1 ; diviser le cercle R_6 en 16 parties égales ; joindre les points A, A_1, A_2, etc., aux points B, B_1, B_2, etc., puis les points C, C_1, C_2, etc., aux points D et d, D_1 et d_1, D_2 et d_2, etc. ; enfin, appliquer la teinte grise et la teinte noire.

Nom de l'établissement

MARQUETERIE.

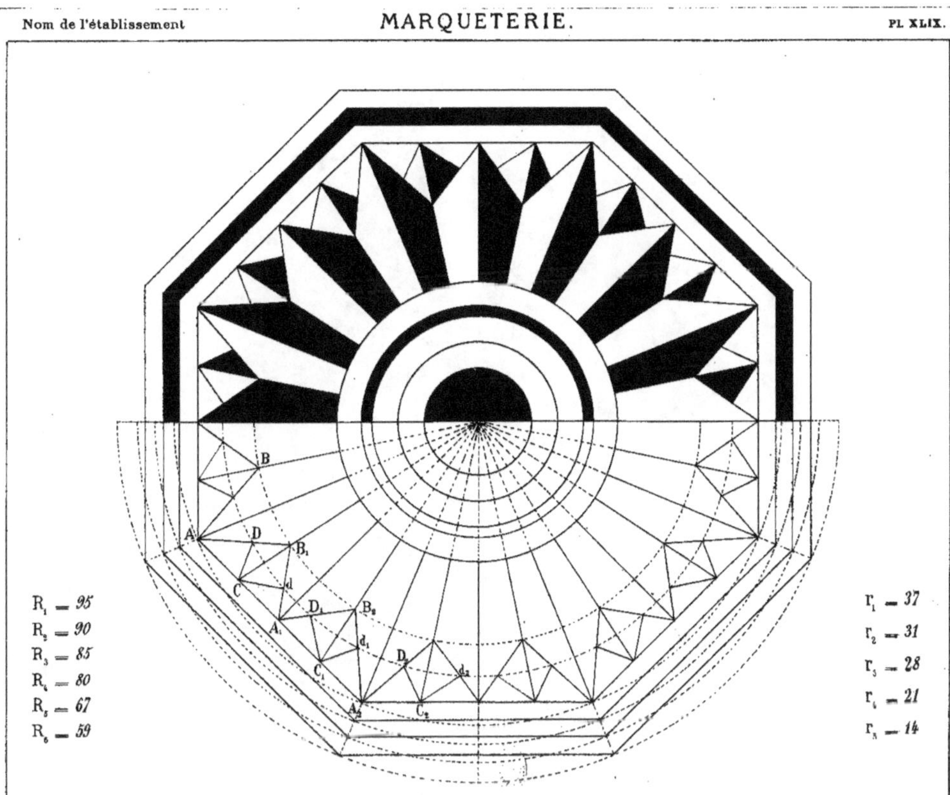

Note et Visa du professeur.

Nom de l'élève.

PLANCHE L

COURS COMPLÉMENTAIRE

GÉOMÉTRIE

VOLUME DES CORPS NON GÉOMÉTRIQUES. — Le volume d'un corps *non géométrique*, comme un caillou, un morceau de minerai, une statuette peut s'obtenir de deux manières différentes :

1° *On remplit jusqu'au bord un vase d'un liquide quelconque; on plonge le corps avec précaution, puis on le retire et l'on mesure le volume du liquide renversé ;*

2° *On pèse le corps et l'on divise le poids trouvé par le poids, connu d'avance, d'un décimètre cube de ce corps.*

Le poids d'un décimètre cube d'un corps s'appelle *densité*. On dit plus exactement que la *densité* d'un corps est le nombre qui indique le poids d'un volume quelconque de ce corps, comparé au poids du même volume d'eau, ce dernier poids étant pris comme unité.

Si l'on désigne le poids d'un corps par P, sa densité par D, et son volume par V, on a les trois formules suivantes :

$$V = \frac{P}{D}.$$

$$P = V \times D.$$

$$D = \frac{P}{V}.$$

PROBLÈME. — *Une pépite d'or pur pèse* $3^{kg},450$. *1° Quel est son volume en centimètres cubes ; 2° quelle valeur en or monnayé pourra-t-on en tirer ?* (La densité de l'or est 19,20, ce qui signifie qu'un volume quelconque d'or pèse 19,2 fois autant que le volume d'eau, ou bien encore qu'un décimètre cube d'or pèse $19^{kg},2$, puisque le décimètre cube d'eau pèse juste 1^{kg}.)

Poids d'un centimètre cube d'or $= 19^{g},2$;

Volume de la pépite $= \frac{3450}{19,2} = 179^{cmc},687.$

On sait que l'or monnayé renferme 9/10 de son poids d'or et 1/10 de cuivre. Par conséquent :

$$9/10 \text{ de l'or monnayé} = 3450^{g}.$$

$$1/10 = \frac{3450}{9}$$

$$10/10 = \frac{3450 \times 10}{9} = 3833^{g},33$$

Si l'on avait le même poids d'argent monnayé, la valeur du lingot serait exprimée par

$$\frac{3833,33}{5},$$

puisqu'un franc en argent pèse 5 grammes. Or, on sait que l'or vaut 15,5 fois plus que l'argent, à poids égal ; donc la somme demandée est

$$\frac{3833,33 \times 15,5}{5} = 11883^{f},33$$

DESSIN

TEINTES CONVENTIONNELLES

Les teintes conventionnelles que nous indiquons sont celles qu'on emploie généralement à l'École centrale des Arts et Manufactures et dans la plupart des bureaux de dessin industriel.

Néanmoins, les tons que nous donnons comme spécimens pourront différer un peu de ceux que les élèves obtiendront avec les couleurs indiquées, parce qu'ils sont obtenus par d'autres procédés et avec d'autres genres de couleurs.

Il n'y a pas lieu de se préoccuper de ce détail.

I. TOPOGRAPHIE. — 1° *Terres cultivées.* — Fond vert très clair, obtenu par un mélange de bleu de Prusse et de gomme-gutte ; raies en gomme gutte et en vert foncé.

2° *Arbres.* — Touches superposées avec les deux teintes précédentes, c'est-à-dire avec de la gomme-gutte et du vert foncé.

3° *Routes, chemins, allées.* — Terre de Sienne brûlée.

4° *Vignes.* — Fond en teinte neutre (violet), puis ceps de vigne à la plume.

5° *Prés.* — Fond vert clair avec touches vertes plus foncées; petites hachures à la plume sur les touches.

6° *Étangs et cours d'eau.* — Bleu de Prusse en teinte fondue à partir du côté où l'on suppose de l'ombre.

7° *Talus.* — Sépia naturelle fondue à partir du bas du talus.

8° *Maisons d'habitation.* — Carmin clair.

9° *Édifices publics.*—Carmin plus foncé ou teinte grise d'encre de Chine.

10° *Jardins anglais et bordures de gazon.* — Fond vert où le bleu domine, avec petites hachures à la plume.

11° *Massifs de fleurs.* — Fond vert clair et points à la plume en carmin, gomme-gutte et vert foncé.

II. Architecture. — 1° *Pierres de taille* (élévation). — Terre de Sienne brûlée.

2° *Pierres de taille et maçonnerie* (coupe). — Carmin clair

3° *Maçonnerie* (élévation). — Terre de Sienne naturelle et un peu de gomme-gutte.

4° *Briques ordinaires.* — Brun rouge.

5° *Briques réfractaires.*— Terre de Sienne naturelle et un peu de brun rouge.

6° *Chêne.* — Sépia naturelle et veines plus foncées en sépia.

7° *Sapin.* — Terre de Sienne brûlée et veines plus foncées en terre de Sienne brûlée.

8° *Béton* (coupe). — Carmin clair avec points à la plume en carmin plus foncé.

9° *Terre* (coupe). — Badigeon de sépia.

10° *Ballast* (coupe). — Fond clair et points à la plume en terre de Sienne brûlée.

III. Mécanique. — 1° *Fonte.* — Teinte neutre.

2° *Fer et acier.* — Bleu de Prusse.

3° *Bronze.* — Terre de Sienne brûlée.

4° *Cuivre jaune.* — Gomme-gutte.

5° *Cuivre rouge.* — Brun rouge.

6° *Plomb, zinc et étain.* — Bleu de Prusse très clair.

7° *Cuir et caoutchouc.* — Sépia claire.

8° *Mastic de fonte.* — Sépia claire et points à la plume en sépia.

Nom de l'établissement.

TEINTES CONVENTIONNELLES.

Pl. 1.

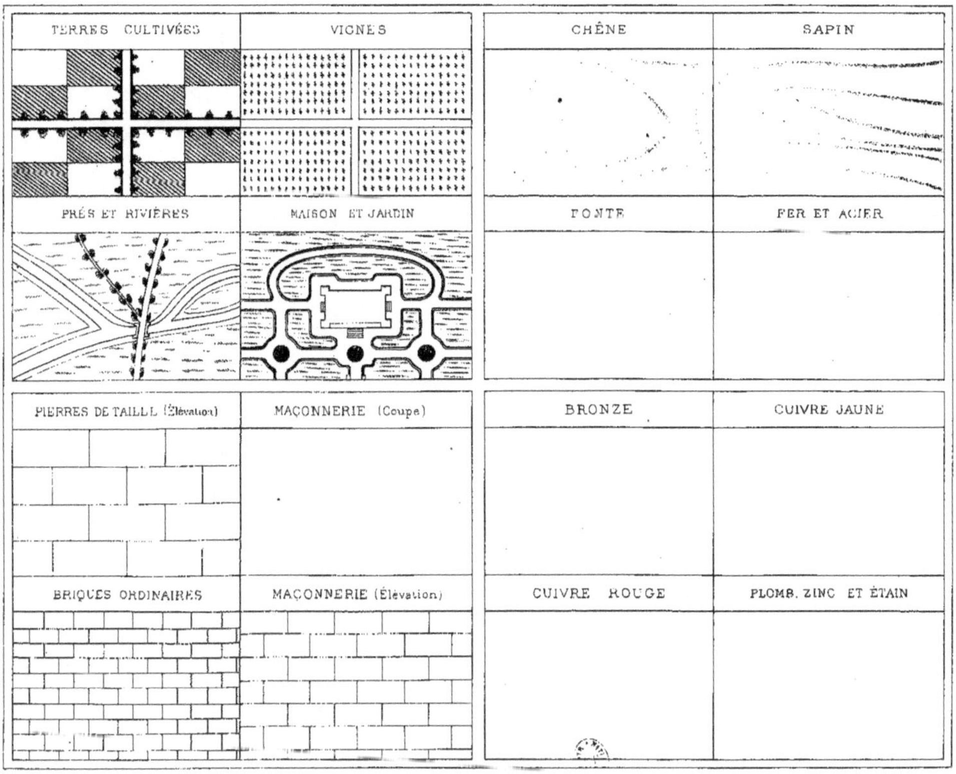

TERRES CULTIVÉES	VIGNES	CHÊNE	SAPIN
PRÉS ET RIVIÈRES	MAISON ET JARDIN	FONTE	FER ET ACIER
PIERRES DE TAILLE (Élévation)	MAÇONNERIE (Coupe)	BRONZE	CUIVRE JAUNE
BRIQUES ORDINAIRES	MAÇONNERIE (Élévation)	CUIVRE ROUGE	PLOMB, ZINC ET ÉTAIN

Cours A. Bouverret. *Note et Visa du professeur* Nom de l'élève.

TABLE DES MATIÈRES

PREMIÈRE PARTIE

DESSIN ET GÉOMÉTRIE DES FIGURES PLANES

DEUXIÈME PARTIE

DESSIN ET GÉOMÉTRIE DES SOLIDES

TROISIÈME PARTIE

COURS COMPLÉMENTAIRE

CONSTRUCTIONS GÉOMÉTRIQUES ET LAVIS

Paris. — Imp. E. CAPIOMONT et V. RENAULT, rue des Poitevins, 6.

www.ingramcontent.com/pod-product-compliance
Lightning Source LLC
LaVergne TN
LVHW012114170826
845678LV00001BA/448

* 9 7 8 2 3 2 9 6 8 6 5 1 6 *